高等学校电子信息类系列教材

无人机操作基础与实战

主　编　车　敏
副主编　拓明福　朱良谊
编　委　张红梅　李宗哲　安　利　王　琼
　　　　柳　泉　张　晗　高　静
主　审　张晓丰

西安电子科技大学出版社

内容简介

本书共分为 9 章。第 1 章无人机概述，介绍无人机的定义、发展历史、分类及应用领域；第 2 章无人机系统的组成及飞行原理，其中飞行原理部分力求少讲些复杂公式的推导过程，更多地从生活现象入手，进行原理性的描述；第 3 章飞行控制系统概述，介绍了飞行控制系统硬件组成、飞行控制系统控制模式、常用的飞行控制算法，最后以人们最熟悉的飞控 APM 2.8 为例，详细讲述了飞行控制系统的设置步骤；第 4 章无人机使用相关知识，介绍了无人机使用的安全知识和法律法规；第 5 章飞行前的准备，介绍了飞行前场地的选取、气象数据收集、无人机各系统的各项检查以及航路规划的步骤；第 6 章飞行操控，讲述遥控器使用方法、地面站使用流程以及无人机进场操控方式和降落操作方法；第 7 章飞行后的检查与维护，主要讲述飞行后无人机应做的各项检查及维护保养的内容；第 8 章模拟器的使用，详细讲述凤凰模拟器的设置步骤；第 9 章任务载荷设备，主要介绍最常见的航拍相机的使用和维护以及任务数据的导出。

本书对于高校无人机类专业的大学生、希望了解无人机的组成和原理以及飞行操控相关知识的读者和无人机爱好者来讲，是一本高效、实用的教材和参考书籍。

图书在版编目(CIP)数据

无人机操作基础与实战/车敏主编. —西安：西安电子科技大学出版社，2018.5
(2023.4 重印)
ISBN 978-7-5606-4911-5

Ⅰ.① 无… Ⅱ.① 车… Ⅲ.① 无人驾驶飞机—研究 Ⅳ.① V279

中国版本图书馆 CIP 数据核字(2018)第 072395 号

责任编辑 李惠萍
出版发行 西安电子科技大学出版社(西安市太白南路 2 号)
电 话 (029)88202421 88201467 邮 编 710071
网 址 www.xduph.com 电子邮箱 xdupfxb001@163.com
经 销 新华书店
印刷单位 陕西天意印务有限责任公司
版 次 2018 年 5 月第 1 版 2023 年 4 月第 5 次印刷
开 本 787 毫米×1092 毫米 1/16 印 张 11.25
字 数 262 千字
印 数 11 001～13 000 册
定 价 32.00 元

ISBN 978-7-5606-4911-5 / V

XDUP 5213001-5

如有印装问题可调换

❖❖❖ 前 言 ❖❖❖

近年来，无人机的发展速度非常迅猛。由于无人机具有制造成本低、机动性能好、无人员损失的风险，同时机体使用寿命长，检修和维护简单，没有昂贵的训练和维护费用，可以进行超视距飞行，运载能力强等诸多特点，目前已被应用在各行各业中。伴随着多旋翼无人机飞行器在民用和消费类市场的迅速普及与广泛应用，整个行业对无人机相关专业领域的人才需求也呈爆发式增长。无人机系统作为一个先进、复杂的现代控制系统，涵盖了材料、通信、电子、控制、数字信号处理和传感器技术等多方面的技术应用，为使广大无人机爱好者及高校学生对无人机的相关知识有个全面的了解，并给有志于成为无人机操控人才的读者提供一份快速有效的无人机基础学习和入门书籍，我们结合自己的教学、科研工作编写了本书。

本书首先从无人机的发展历史和分类入手，讲述从最初军用无人机的使用如何到现今民用无人机在各领域应用的遍地开花。这部分内容为第 1 章，主要针对无人机爱好者与零基础初学者。对于无人机的组成部分和飞行原理，从固定翼和多旋翼两个角度出发进行介绍，同时介绍了组成无人机系统的各个子系统以及各子系统的功能。固定翼部分包括机翼、机身、尾翼、动力装置。多旋翼部分包括机架系统、动力系统、飞控系统、遥控遥测系统、传感器、导航系统、数传图传系统、地面测控站及装载设备等方面的知识，通过这部分内容的介绍可以使读者对无人机的组成有个整体和全面的理解。对于无人机的飞行原理部分的介绍，我们尽量减少对复杂公式的描述和推导，而是从生活现象入手，完成原理的介绍。这部分即第 2 章，是本书的一个重点内容。随后对于无人机的最核心部件——飞行控制系统在第 3 章进行了重点介绍，包括飞行控制系统的硬件组成和飞行控制系统的控制模式以及常用的控制算法。控制算法部分只对基础知识进行理论介绍，不涉及算法编程。以人们最熟悉的开源飞行控制系统 APM 为例，详细讲述了飞行控制器的设置步骤。第 4 章介绍了无人机使用的安全知识与法律法规。对于无人机的操控基础知识，包括飞行前的准备、飞行操控、飞行后的检查与维护分别在第 5 章、第 6 章、第 7 章介绍。这一部分也是本书的重点内容。第 8 章介绍常见的无人机操控模拟软件，通过模拟软件的练习，熟悉遥控器摇杆的操作。第 9 章介绍任务载荷设备——航拍相机的使用和维护以及任务数据的导出。

　　本书可作为高校无人机类专业教材，对于希望了解无人机的组成和原理以及飞行操控相关知识的读者和无人机爱好者，本书也是一本很有价值的学习与参考书籍。

　　由于编者水平所限，加之时间仓促，书中难免存在不妥之处，恳请广大读者批评指正。

编　者
2018 年 4 月

❖❖❖ 目 录 ❖❖❖

无人机概述

➢ 了解无人机的定义和发展历史。

➢ 了解无人机的基本分类。

➢ 熟悉无人机的用途及发展趋势。

1.1　无人机的定义

无人机，也称为无人飞行器(Unmanned Aerial Vehicle)，缩写为"UAV"，是一种配备了数据处理系统、传感器、自动控制系统和通信系统等必要机载设备的飞行器，能够进行一定的稳态控制和飞行，且具备一定的自主飞行能力而无需人工干预。无人机技术是一门涉及多个技术领域的综合技术，它对通信技术、传感器技术、人工智能技术、图像处理技术、模式识别技术和控制理论都有比较高的要求。图 1-1 所示为几种无人机图片。

图 1-1　无人机

在无人机上虽然没有驾驶舱，但是安装有自动驾驶仪、程序控制装置等设备。无人机驾驶人员通过雷达设备，在地面、舰艇或母机遥控站对无人机进行跟踪、定位、遥控、遥测和数据传输。无人机的起飞方式有很多种，例如，可在无线电遥控下像普通飞行器一样起飞或用助推火箭发射升空，也可以由母机带到空中后投放飞行。无人机在回收时也有多种回收方式，例如，可以用与普通飞机着陆过程一样的方式自动着陆，也可以用降落伞或拦网回收，且可以反复使用多次。目前，无人机已应用于航拍、空中侦察、监视、通信、反潜、电子干扰等工作中。

1.2　无人机的发展历史

1910 年，在莱特兄弟所取得的成功的鼓舞下，来自俄亥俄州的年轻军事工程师查尔斯·科特林建议使用没有人驾驶的飞行器：用钟表机械装置控制飞机，使其在预定地点抛掉机翼并像炸弹一样落向敌人。在美国陆军的支持和资助下，他研制成功并试验了几个模型，取名为"科特林空中鱼雷"、"科特林虫子"等。

1933 年，英国研制出了第一架可复用无人驾驶飞行器——"蜂王"。使用 3 架经修复的"小仙后"双翼机进行试验，从海船上对其进行无线电遥控，其中 2 架失事，但第三架试飞成功，使英国成为第一个研制并成功试飞无线电遥控靶机的国家。

德国科学家领先时代数十年。实际上直到 20 世纪 80 年代末以前，世界上每一种研制成功的无人机都是以 V-1 巡航导弹(如图 1-2 所示)或"福克-沃尔夫"(FW 189)飞机的构造思想为基础的。

图 1-2　V-1 巡航导弹

二战期间，美国海军首先将无人机作为空面武器使用。1944 年，美国海军为了对德国潜艇基地进行打击，使用了由 B-17 轰炸机改装的遥控舰载机。

美国特里达因·瑞安公司生产的"火蜂"系列无人机是当时设计独一无二、产量最大的无人机(如图 1-3 所示)。1948 年至 1995 年，该系列无人机产生了多种变型，如无人靶机(亚音速和超音速)、无人侦察机、无人电子对抗机、无人攻击机、多用途无人机等。美国空军、陆军和海军多年来一直在使用以 BQM-34A "火蜂" 靶机为原型研制的多型无人机。

20 世纪 70 至 90 年代，以色列军事专家、科学家和设计师对无人驾驶技术装备的发展做出了突出贡献，并使以色列在世界无人驾驶系统的研制和作战使用领域占有重要地位。图 1-4 为以色列的 "侦察兵" 无人机。

图 1-3　美国 "火蜂" 无人机　　　　图 1-4　以色列 "侦察兵" 无人机

世界各地都在造无人机，20 世纪 80 至 90 年代，除了美国和以色列之外，其他国家的许多飞机制造公司也在从事无人机的研制与生产。

西方国家中在无人机研制与生产领域占据领先位置的是美国。今天，美军有用于各指挥层次，从高级司令部到营、连级的全系列无人侦察机。许多无人机可以携带制导武器 (炸弹、导弹)、目标指示和火力校射装置，其中最著名的是 "捕食者" 可复用无人机，世界上最大的无人机 "全球鹰"，"影子-200" 低空无人机，"扫描鹰" 小型无人机，"火力侦察兵" 无人直升机，如图 1-5 所示。

(a) "捕食者" 无人机　　　　　　(b) "全球鹰" 无人机

(c) "扫描鹰" 无人机　　　　　(d) "火力侦察兵" 无人直升机

图 1-5　美国著名的无人机

1.3 无人机的分类

1.3.1 按照飞行平台构型分类

无人机实际上是无人驾驶飞行器的统称。按照飞行平台构型的不同，无人机分为六大阵营，分别是无人飞艇、固定翼无人机、扑翼式微型无人机、伞翼无人机、旋翼式无人机、无人直升机。

1. 无人飞艇

无人飞艇一般采用充气囊结构作为飞行器的升力来源。充气囊一般充有比空气密度小的氢气或者氦气。它与热气球最大的区别在于具有推进和控制飞行状态的装置。这类飞行器是一种理想的空中平台，既可用于空中监视、巡逻、中继通信，也可用于空中广告飞行、任务搭载试验、电力架线，其应用范围均非常广泛，前景乐观。如图 1-6 所示为一种无人飞艇。

图 1-6 无人飞艇

2. 固定翼无人机

固定翼，顾名思义，就是机翼固定不变，靠流过机翼的风提供升力。跟我们平时乘坐的飞机一样，固定翼无人机起飞的时候需要助跑，降落的时候必须要滑行。这类无人机的优点是续航时间长、飞行效率高、载荷大，但其缺点也很明显，起飞和降落都需要跑道，对场地要求较高。固定翼无人机如图 1-7 所示。

图 1-7 固定翼无人机

3．扑翼式微型无人机

扑翼式微型无人机是从鸟类或者昆虫启发而发展来的一种飞行器，具有可变形的小型翼翅。它可以利用不稳定气流的空气动力，以及利用肌肉一样的驱动器代替电动机。在战场上，微型无人机特别是昆虫式无人机，不易引起敌人的注意。即使在和平时期，微型无人机也是探测核生化污染、搜寻灾难幸存者、监视犯罪团伙的得力工具。如图 1-8 所示就是一种扑翼式无人机。

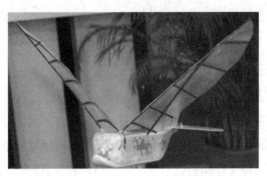

图 1-8　扑翼无人机

4．伞翼无人机

伞翼无人机是一种用柔性伞翼代替刚性机翼的无人机，伞翼大部分为三角形，也有长方形的。伞翼可收叠存放，张开后利用迎面气流产生升力而升空，起飞和着陆滑跑距离短，只需百米左右的跑道，具有成本低廉和维护简易等优势。这种无人机常用于运输、通信、侦察、勘探和科学考察等。如图 1-9 所示即为一种伞翼无人机。

图 1-9　伞翼无人机

5．无人直升机

无人直升机靠一个或者两个主旋翼提供升力。如果只有一个主旋翼的话，还必须要有一个小的尾翼抵消主旋翼产生的自旋力。这种无人机的优点是可以垂直起降，续航时间适中，载荷也比较适中，但其结构相对来说比较复杂，操控难度也较大。如图 1-10 所示即为一种无人直升机。

图 1-10　无人直升机

6. 多旋翼无人飞行器

多旋翼无人飞行器具有由多组动力系统组成的飞行平台，它配备有单个或者多个朝正上方安装的螺旋桨，由螺旋桨的动力系统产生向下的气流，并对飞行器产生升力。常见的有四旋翼、六旋翼、八旋翼，甚至更多旋翼。多旋翼飞行器机械结构非常简单，动力系统只需要电机直接连桨就行。这种飞行器的优点是机械简单，能垂直起降，缺点是续航时间最短，载荷小。如图 1-11 所示即为一种多旋翼无人飞行器(亦称多旋翼飞行器、多旋翼无人机)。

图 1-11　多旋翼无人飞行器

1.3.2　按照其他方式分类

目前，无人机的分类方式有很多种，除上述分类外，还可以按功能、大小、速度、活动半径、实用升限、续航时间等方法进行分类。

1. 按功能分类

按功能分类，无人机可以分为军用无人机和民用无人机。军用无人机包括信息支援、信息对抗、火力打击等几大类；民用无人机又分为检测巡视类、遥感绘制类、通信中继类等几大类。其中检测巡视类无人机主要用于灾害监测、环境监测、气象监测、电力线路和石油管路巡视等工作中；遥感绘制类无人机主要用于地质遥感遥测、矿藏勘测、地形测绘等工作中；通信中继类无人机包括通信中继类无人机和通信组网类无人机。

2．按大小分类

按大小分类，无人机可以分为微型、轻型、小型和大型无人机。此种分类的依据为《民用无人驾驶航空器系统驾驶员管理暂行规定》。

(1) 微型无人机是指空机质量小于等于 7 kg 的无人机。

(2) 轻型无人机是指空机质量大于 7 kg，但小于等于 116 kg 的无人机，且全马力平飞中，校正空速小于 100 km/h(55 海里/h)，升限小于 3000 m。

(3) 小型无人机是指空机质量小于等于 5700 kg 的无人机，微型和轻型无人机除外。

(4) 大型无人机是指空机质量大于 5700 kg 的无人机。

3．按速度分类

按速度分类，无人机可以分为低速、亚音速、跨音速、超音速和高超音速无人机。

低速无人机的飞行速度一般小于 0.3 Ma(Ma 为马赫数，是飞行速度与当地大气中的音速之比)，亚音速无人机的飞行速度一般为 0.3～0.7 Ma，跨音速无人机的飞行速度一般为 0.7～1.2 Ma，超音速无人机的飞行速度一般为 1.2～5 Ma，高超音速无人机的飞行速度一般大于 5 Ma。

4．按活动半径分类

按活动半径分类，无人机可以分为超近程无人机、近程无人机、短程无人机、中程无人机和远程无人机。

从活动半径来看，超近程无人机的活动半径为 5～15 km，近程无人机的活动半径为 15～50 km，短程无人机为 50～200 km，中程无人机为 200～800 km，远程无人机一般大于 800 km。

5．按实用升限分类

按实用升限分类，无人机可以分为超低空无人机、低空无人机、中空无人机、高空无人机和超高空无人机。

超低空无人机的实用升限一般为 0～100 m，低空无人机一般为 100～1000 m，中空无人机一般为 1000～7000 m，高空无人机一般为 7000～20 000 m，超高空无人机一般大于 20 000 m。

6．按续航时间分类

按续航时间分类，无人机可以分为正常航时无人机和长航时无人机。

正常航时无人机的续航时间一般小于 24 h，长航时无人机的续航时间一般要等于或大于 24 h。

(注：针对特定情况，对无人机划分的量化标准可能会有所不同)

1.4 多旋翼无人机概述及发展

多旋翼无人机是近几年才发展起来的一种无人机，其历史尚短。它脱胎于航空模型。航空模型一般称为无线电控制(RC)，所以很多人也认为多旋翼无人机是航模，如果无线电控制是从一个遥远的地理位置制导或控制的，则属于无人机。但是无人机不一定都是无线电控制的，因为无人机也可以根据预先设置的程序来飞行。

无人机与航模的区别在于，航模是比例遥控直接控制的飞行器，不具备任何智能控制。姿态稳定系统的模型飞行器只在视距内可进行飞行控制。无人机是带有自主控制且系统稳定的模型飞行器，可在视距内或视距外飞行。

无论无人机是以遥控控制的方式飞行还是通过一个预设的导航系统飞行，它并不一定是被放飞的，而是由一个有飞行技能的人来操控的。目前使用的无人机通常有自动驾驶及导航系统，可保持飞行姿态、飞行高度及机型地面跟踪。

遥控控制无人机通常指通过地面控制站中设置的开关或者操纵杆来手工调整无人机的方向、高度、速度等，以此来控制无人机的位置。但当无人机到达指定航线时，无人机中的自动驾驶仪便可保持飞行稳定及实行操纵。各种类型的导航系统(全球定位系统、无线电控制系统、惯性系统)可执行事先设定的任务，这些任务可由人工操纵完成，也可自动完成。

作为无线电遥控的一种飞行器，多旋翼无人机的发展经历了以下三个阶段。

1. 理论开创阶段

多旋翼无人机理论开创于 20 世纪初，直升机研发之前。几家主要飞机生产商开发出了在多个螺旋桨中搭乘飞行员的机型，这种设计开创了多旋翼飞行器的理论。

2. 加速发展阶段

近几年来，随着电子技术、微机械技术以及计算机技术的迅猛发展，装配高性能压电陶瓷陀螺仪和角速度传感器(六轴陀螺仪，如图 1-12 所示)的多旋翼无人飞行器开始加速发展。2010 年法国派诺特(Parrot)公司推出了消费级四旋翼玩具 AR Drone，实现光流定点室内悬停，采用手机、平板电脑等控制一键起飞等先进的控制理念和技术，极大地简化了操控技术，为无人机开辟了消费级领域这一巨大的应用市场。在 2013 年，中国大疆创新技术有限公司推出了精灵系列一体四旋翼无人机，加速了消费级无人机应用市场的发展。至此，无人机产品在消费级和各行业的应用开始爆发。同期，基于开源理念的多旋翼飞控软件开始逐渐增多，例如著名的 APM、PX4、Pixhawk、MWC、Openpilot 和 KKMulticopter 等，为越来越多的专业和非专业人员学习研究多旋翼的飞行控制算法理论奠定了基础。

图 1-12　多旋翼无人飞行器

3. 未来发展阶段

随着芯片处理能力的进一步提高，以及更新的算法研究和人工智能技术的发展，多旋翼研究开始向智能化和编队集群等方向发展，同时多种新技术尤其是图像处理、视觉技术和虚拟现实技术等都开始陆续集成到机载系统和地面系统中。伴随着飞行器技术的进步，多旋翼无人飞行器使用者会急剧增加。这样一来，事故和故障也会相应增加，如未很好处理，可能会发展成社会问题，所以相关研究亟待跟进。

1.4.1　多旋翼无人机的定义

多旋翼飞行器(无人机)是一类通过多个定距桨(螺旋桨)正反旋转与转速控制提供飞行器升力与飞行器姿态调整的飞行器。通过定义，我们可以准确地了解多旋翼飞行器的旋翼结构、升力来源、姿态控制方式等。

1.4.2　多旋翼无人机的分类

多旋翼无人机按轴数个数分有三轴、四轴、六轴、八轴甚至十八轴等。

多旋翼无人机按发动机个数分有三旋翼、四旋翼、六旋翼、八旋翼甚至十八旋翼等。

大家需要明确一点，轴和旋翼一般情况下是相同的，但有时候也可能不同，比如四轴八旋翼，它是在四轴的每个轴上、下各安装一个电机构成八旋翼。

1.5　无人机的应用领域及发展趋势

无人机的应用非常广泛，可以用于军事，也可以用于民用和科学研究。

1．军事方面的应用

自无人机问世以来，在军事领域得到了极大的关注，现在对无人机的研究也多数是出于军事使用的目的。早在20世纪60年代，无人机已经开始应用到军事领域，在越南战争中，美国就使用了这种无人机来进行军事侦察、空中打击和目标摧毁。但是，最经典的无人机作战运用属于以色列人。在第四次中东战争中，以色列使用BQM-74C无人机，成功地摧毁了埃及沿运河部署的地空导弹基地。在以色列入侵黎巴嫩时，以色列利用猛犬无人机摧毁了黎巴嫩一些重要的导弹基地。美国在出兵阿富汗和袭击恐怖组织的时候也大量使用了无人飞机，并且在使用中也收到了一定的效果。在20世纪末，很多的国家已经研制出新时代的军用无人机，并且纷纷应用到军事领域，用于战场情报侦察、低空侦察和掩护、战场天气预报、战况评估、电子干扰和对抗、目标定位摧毁等，这在一定程度上改变了军事战争和军事调动的原始形式。

军用无人机未来的发展趋势：现代军用无人机的任务范围已由传统的空中侦察、战场观察和毁伤评估等扩大到战场抑制、对地攻击、拦截巡航导弹，甚至空中格斗等领域。无人机不仅可对有人战斗机进行支援，而且在许多情况下起到了替代有人驾驶飞机的作用。未来无人机将向以下五个方向发展：

(1) 小型化无人机。充分发挥无人机成本低的特点，研制并大量应用小型化无人机，满足部队连、排级近程战术侦察的需求，完成战场监视、目标侦察、毁伤评估等任务。

(2) 高空、高速无人机。高空、高速无人机需要新型的高空、长航动力装置，如液(气)冷式涡轮增压活塞发动机、涡轮风扇发动机、转子发动机等。它能比普通的无人机更快、更安全地执行侦察任务。

(3) 隐形无人机。在飞行器的设计上采用隐形外形设计技术，在材料上采用隐形材料技术，并采用相位对消技术，减小被雷达、红外和噪音探测设备发现的概率，以提高无人机在战场上的生存能力。

(4) 对地攻击无人机。对地攻击无人机可分为一次性攻击无人机和可重复使用攻击无人机。一次性攻击无人机在执行侦察任务时，携带攻击型战斗部，在侦察过程中发现敌方临时出现的重要目标时可进行实时攻击，无人机直接撞向目标，实现"查打结合"，充分发挥了武器装备的作战效能，减少了因呼唤火力延误战机的可能性。可重复使用攻击无人机指在飞机外挂战斗部，通常是主动或半主动寻的导弹，当飞机发现并锁定目标后，由地面人员发出攻击指令，导弹脱离发射架，飞向目标并将其摧毁；无人机返航后，可加挂导弹再次使用。

(5) 空战无人机。空战无人机的智能程度要求更高。美国虽然曾对空空格斗型无人机作了一些研制试验工作，并取得了一些成效，但空中机群格斗错综复杂，存在多机控制、操纵与指挥协调，以及无人机与地面火力的协同作战等问题。因此，研制空中格斗型无人机是一项较长远的研究课题。

2．民用方面的应用

无人机在民用方面也发展很快，如电力巡检、边境巡逻、核辐射探测、航空摄影、航空探矿、灾情监视、交通巡逻、治安监控等。

(1) 电力巡检。装配有高清数码摄像机和照相机以及 GPS 定位系统的无人机，可沿电网进行定位自主巡航，实时传送拍摄影像，监控人员可在电脑上同步收看与操控。采用传统的人工电力巡线方式，条件艰苦，效率低下，一线的电力巡查工偶尔会遭遇"被狗撵""被蛇咬"的危险。无人机实现了电子化、信息化、智能化巡检，提高了电力线路巡检的工作效率、应急抢险水平和供电可靠率。而在山洪暴发、地震灾害等紧急情况下，无人机可对线路的潜在危险，诸如塔基陷落等问题进行勘测与紧急排查，丝毫不受路面状况影响，既免去攀爬杆塔之苦，又能勘测到人眼的视觉死角，对于迅速恢复供电很有帮助。如图 1-13 所示为无人机电力巡检示意图。

图 1-13　无人机电力巡检

电力线路巡检主要分为正常巡检、故障巡检和特殊巡检三类。正常巡检主要是对线路本体(包括杆塔、接地装置、绝缘子、线缆等)、附属设施(包括防雷、防鸟、防冰、防雾装置，各类监测装置，标识警示设施等)以及通道环境进行周期性的检查。故障巡检是在线路发生故障后进行检查，巡检范围可能是故障区域，也可能是完整输电线路。特殊巡检是在气候剧烈变化、自然灾害、外力影响、异常运行以及对电网安全稳定运行有特殊要求时进行检查。在具备无人机巡检条件时，正常巡检一般采用无人机等空中巡检方式，部分从空中无法观察的设备(如杆塔基础、接地装置等)需采用人工巡检方式。故障巡检时，视故障类型和紧急程度，可采用无人机等空中巡检方式，或者采用无人机辅助的人工巡检方式。特殊巡检时，在因气候剧烈变化、自然灾害、外力影响等原因造成人员无法进入巡检区域的情况下，可优先采用无人机等空中巡检方式，其他情况同正常巡检。

(2) 农业保险工作方面。利用集成了高清数码相机、光谱分析仪、热红外传感器等装置的无人机在农田上飞行，准确测算投保地块的种植面积，所采集数据可用来评估农作物风险情况、保险费率，并能为受灾农田定损，此外，无人机的巡查还实现了对农作物的监测。自然灾害频发，面对颗粒无收的局面，农业保险有时候是农民们的一根救命稻草，而往往却因理赔难，又让农民朋友多了一肚子苦水。无人机在农业保险领域的应用，既可确保定损的准确性以及理赔的高效率，又能监测农作物的正常生长，帮助农户开展针对性的措施，以减少风险和损失。

(3) 环保工作方面。无人机在环保领域的应用，大致可分为三种类型。一是环境监测：观测空气、土壤、植被和水质状况，也可以实时快速跟踪和监测突发环境污染事件的发展；二是环境执法：环境监测部门利用搭载了采集与分析设备的无人机在特定区域巡航，监测企业的废气与废水排放，寻找污染源；三是环境治理：利用携带了催化剂和气象探测设备的柔翼无人机在空中进行喷洒，与无人机喷洒农药的工作原理一样，在一定区域内可以消除雾霾。利用无人机进行航拍，持久性强，还可采用远红外夜拍模式，实现全天候航拍监测。无人机执法不受空间与地形限制，时效性强，机动性好，巡查范围广，尤其是在雾霾严重的京津冀地区，使得执法人员可及时排查到污染源，一定程度上减缓了雾霾的污染程度。

(4) 影视剧拍摄工作方面。如图 1-14 所示为利用无人机实现的影视拍摄图片。无人机搭载高清摄像机，在无线遥控的情况下，根据节目拍摄需求，在遥控操纵下可从空中进行拍摄。无人机实现了高清实时传输，其距离可长达 5 公里，而标清传输距离则长达 10 公里。无人机灵活机动，低至一米，高至四五千米，可实现追车、升起和拉低、左右旋转，甚至贴着马肚子拍摄等，极大地降低了拍摄成本。影视圈使用无人机的成功案例比比皆是。经典大片《哈利·波特》系列、《007 天幕坠落》、《变形金刚 4》等，都能从幕后发现无人机的踪影。此外，2016 年国庆期间，CCTV-1《祖国如此多娇》系列纪录片的展播，让我们因祖国如此美好秀丽而自豪不已，这当中无人机的作用是功不可没的。

图 1-14　影视航拍

(5) 无人机在快递领域的应用。如图 1-15 所示为利用无人机投送快递的图片。无人机可实现重量不大的货物的配送，只需将收件人的 GPS 地址录入系统，无人机即可起飞前往。这早已不是天方夜谭，美国的亚马逊、中国的顺丰都在兴冲冲地忙着测试这项业务，而美国达美乐披萨店已在英国成功地空运了首个披萨外卖。据悉，亚马逊宣称无人机会在 30 分钟内将货物送达 1.6 公里范围内的客户手中。据说顺丰研发无人机送货的目的，是为了解决偏远地区送货难的问题。

图 1-15　无人机送快递

(6) 灾后救援工作。利用搭载了高清拍摄装置的无人机对受灾地区进行航拍，提供一手的最新影像。无人机动作迅速，起飞至降落仅 7 分钟，就已完成了 10 万平方千米的航拍，对于争分夺秒的灾后救援工作而言，意义非凡。此外，无人机保障了救援工作的安全，通过航拍的形式避免了那些可能存在塌方的危险地带，同时也为合理分配救援力量、确定救灾重点区域、选择安全救援路线以及灾后重建选址等提供了很有价值的参考。此外，无人机可实时全方位地监测受灾地区的详细情况，以防引发次生灾害。如图 1-16 所示为无人机消防救援应用照片。

图 1-16　消防救援

(7) 遥感测绘工作的应用。首先说遥感，就是遥远的感知，广义来说，就是没有到目标区域去，而是利用遥控技术，进行当地情况的查询。狭义上讲，就是利用卫星图片及航拍图片进行查询。测绘遥感，就是利用遥感技术，在计算机上进行计算并且能够达到测绘目的的行为。如图 1-17 所示为利用遥感技术进行地图测绘。

图1-17　地图测绘

1.6　无人机的优缺点

使用无人机给我们带来了很多便捷，但无人机的利用也存在着一些问题，具体如下所述。

1. 使用无人机的优势

使用无人机有以下优势：

(1) 避免牺牲空勤人员，因为飞机上不需要飞行人员，所以最大可能地保障了人的生命安全。

(2) 相对于有人驾驶飞行器来说，无人机尺寸相对较小，设计时不受驾驶员生理条件限制，可以有很大的工作强度，不需要人员生存保障系统和应急救生系统等，大大地减轻了飞机的重量。

(3) 制造成本与寿命周期费用低，没有昂贵的训练费用和维护费用，机体使用寿命长，检修和维护简单。

(4) 无人机的技术优势是能够定点起飞、定点降落，对起降场地的条件要求不高，可以通过无线电遥控或通过机载计算机实现远程遥控。

(5) 对于多旋翼无人机，一般尺寸较小(直径大多在 1～2 米范围，某些大的无人机能达到几米)，操控距离较近(一般在几公里范围内)，飞行高度较低(几百到上千米)，负载较小(几公斤到几十公斤，多旋翼无人机的有效负载大多在 10 公斤以内)。多旋翼无人机相对来说比较灵活，易操控。

(6) 对于固定翼 UAV，尺寸相对较大(翼展为几米到几十米)，操控距离较远(如果搭载卫星通信链路可实现超视距操控，几百上千公里都可以)，飞行高度较高(几千米到上万米)，负载相对较大(几百公斤)。固定翼飞行器具有飞行速度快、比较经济、运载能力强的特点。固定翼无人机也是非常有用的，在有大航程和有高度的需求时，一般选择固定翼无人机。

2. 使用无人机存在的问题

使用无人机存在以下一些问题：

(1) 无人机的缺点主要表现在生存力低下，在与有较强防空能力的敌人作战时，无优势可言。

(2) 无人机速度慢，抗风和抗气流能力差，在大风和乱流的飞行中，飞机易偏离飞行线路，难以保持平稳的飞行姿态。

(3) 无人机受天气影响较大，结冰的飞行高度比过去预计的要低，在海拔 3000～4500 米的高度上，连续飞行 10～15 分钟后会使飞机受损。

(4) 无人机的应变能力不强，不能应付意外事件，当有强信号干扰时，易造成接收机与地面工作站失去联系的情况发生。

(5) 无人机机械部分也有出现故障的可能，一旦出现电子设备失灵现象，那对无人机以及机载设备将是致命的。

(6) 对于多旋翼无人机来说，其稳定性、安全性等其他因素，导致它和固定翼无人机有很大的差别。

(7) 对于固定翼无人机来说，一般都是航模玩家使用得比较多，而且目前还不算普及。其操作相对较难，不如多旋翼无人机上手快。

3. 近年来多旋翼无人机为何受到偏爱

在 2010 年之前，固定翼无人机和无人直升机无论在航拍还是航模运动领域，基本上占有绝对主流的地位。然而，在之后的几年中，因优良的操控性能，多旋翼无人机迅速成为航拍和航模运动领域的新星，但这仍然需要专业人员来调试或装配飞机。2012 年底，中国大疆公司推出四旋翼一体机——小精灵 Phantom，如图 1-18 所示。

图 1-18 Phantom 4

因该产品极大地降低了航拍的难度和成本，获得了广大的消费群体，成为迄今为止最热销的产品。之后短短两年间，围绕着多旋翼飞行器的相关创意、技术、产品、应用和投资等新闻层出不穷。目前，多旋翼无人机已经成为微小型无人机或航模的主流。

对于目前的多旋翼产品，一般分半自主控制方式和全自主控制方式两种。半自主控制方式是指自动驾驶仪的控制算法能够保持多旋翼飞行器的姿态稳定(或定点)等，但飞行器还是需要通过人员遥控操纵。在这种控制方式下，多旋翼飞行器属于航模。全自主控制方式是指自动驾驶仪的控制算法能够完成多旋翼飞行器航路点到航路点的位置控制以及自动起降等。在这种控制方式下，多旋翼飞行器属于无人机，而地面人员此时需进行任务级的规划。作为无人机，多旋翼飞行器可以在无人驾驶的条件下完成复杂的空中飞行任务和搭载各种负载的任务，可以被看做"空中机器人"。

归纳起来，青睐多旋翼飞行器的原因主要有：

(1) 在操控性方面，多旋翼飞行器的操控是最简单的。

它不需要跑道便可以垂直起降，起飞后可在空中悬停。它的操控原理简单，操控器四个遥感操作对应飞行器的前后、左右、上下和偏航方向的运动。在自动驾驶仪方面，多旋翼自驾仪控制方法简单，控制器参数调节也很方便。相对而言，学习固定翼飞行器和直升机的飞行不是简单的事情。固定翼飞行场地要求开阔，而直升机飞行过程中会产生通道间耦合问题，自驾仪控制器设计困难，控制器调节也很困难。

(2) 在可靠性方面，多旋翼飞行器也是表现最出色的。

(3) 若仅考虑机械的可靠性，多旋翼飞行器没有活动部件，它的可靠性基本上取决于无刷电机的可靠性，因此可靠性较高。相比较而言，固定翼飞行器和直升机有活动的机械连接部件，飞行过程中会产生磨损，导致可靠性下降。而且多旋翼飞行器能够悬停，飞行范围受控，相对固定翼飞行器而言，多旋翼飞行器更安全。

(4) 在勤务性方面，多旋翼飞行器的勤务性是最高的。

(5) 多旋翼飞行器结构简单，如果电机、电子调速器、电池、桨和机架损坏，很容易替换。而固定翼飞行器和直升机零件比较多，安装也需要技巧，相对比较麻烦。

但是，在续航性能方面，多旋翼飞行器的表现明显弱于其他固定翼飞行器和直升机，其能量转换效率低下。在承载性能方面，多旋翼飞行器相对固定翼飞行器和直升机是三者中最差的。

对于固定翼飞行器、直升机、多旋翼飞行器这三种机型，三者操控性与飞机结构和飞行原理相关，是很难改变的。在可靠性和勤务性方面，多旋翼飞行器始终具备优势。随着电池能量密度的不断提升、材料的轻型化和机载设备的不断小型化，多旋翼飞行器的优势将进一步凸显。因此，在大众市场，"刚性"体验最终让人们选择了多旋翼飞行器。

无人机系统的组成及飞行原理

本章学习目标

➢ 熟悉无人机系统组成及各分系统的功能。

➢ 理解固定翼无人机的结构组成及各部分的主要功能。

➢ 熟悉多旋翼无人机的结构组成及各部分的主要功能。

2.1　无人机系统的组成

无人机系统(Unmanned Aircraft System，UAS)，也称无人驾驶航空器系统(Remotely Piloted Aircraft System，RPAS)，是由无人机平台、遥控站、指令与控制数据链以及其他部件组成的完整系统。

无人机系统有无人机平台分系统、控制台分系统、通讯链路分系统、发射与回收分系统、保障与维修分系统。(注：不同机构、团体对无人机系统的分类略有不同。)

1．无人机平台分系统

无人机平台分系统是执行任务的载体，它携带任务载荷，飞行至目标区域完成要求的任务。无人机平台包括机体、动力装置、飞行控制系统及导航子系统等。

2．任务载荷分系统

任务载荷分系统是装载在无人机平台上，用来完成要求的航拍航摄、信息支援、信息对抗、火力打击等任务的分系统。

3．数据链分系统

数据链分系统通过上行信道，实现对无人机的遥控；通过下行信道，完成对无人机飞行状态参数的遥测，并传回任务信息。

数据链分系统通常包括无线电遥控/遥测设备、信息传输设备、中继转发设备等。

4．指挥控制分系统

指挥控制分系统的作用是完成指挥、作战计划制定、任务数据加载、无人机地面和空中工作状态监视与操作控制，以及飞行参数、态势和任务数据记录等任务。

指挥控制分系统通常包括飞行操控设备、综合显示设备、飞行航迹与态势显示设备、任务规划设备、记录与回放设备、情报处理与通信设备以及其他任务载荷信息的接口等。

5．发射与回收分系统

发射与回收分系统的作用是完成无人机的发射(起飞)和回收(着陆)任务。

发射与回收分系统主要包括发射和回收有关的设备和装置，如发射车、发射箱、弹射装置、助推器、起落架、回收伞、拦阻网等。

6．保障与维修分系统

保障与维修分系统主要完成无人机系统的日常维护，以及无人机的状态测试和维修任务，包括基层级保障维修设备、基地级保障维修设备。

7．避障分系统

无人机避障技术是随着无人机智能化发展和自主飞行的需要应运而生并发展起来的一项技术。目前高级无人机系统都将避障技术作为一项标准配置，其主要功能是通过主动测高测距传感器来实时获取飞行器周边障碍物与飞行器之间的距离，感知周边物体并自动规划飞行路线以避开障碍物飞行。

无人机电气系统可分为机载电气系统和地面供电系统两部分。机载电气系统主要由主电源、应急电源、电气设备的控制与保护装置及辅助设备组成。

电气系统一般包括电源、配电系统、用电设备三个部分，电源和配电系统两者组合统称为供电系统。供电系统的功能是向无人机各用电系统或设备提供满足预定设计要求的电能。

2.2　固定翼无人机的结构组成

迄今为止，大多数无人机都由机翼、机身、尾翼、起落装置和动力装置五个主要部分组成。

通常情况下，把机身、机翼、尾翼、起落架等构成飞机外部形状的部分称为机体，它们的尺寸及位置变化影响着无人机的使用性能及运行效率。

2.2.1　机翼

机翼的主要功能是产生升力，升力用来支持飞机在空中飞行，同时机翼也起到一定的稳定和操控作用。在机翼上一般安装有副翼,操纵副翼可使飞机滚转和转弯。另外,机翼上还可以安装发动机、起落架和油箱等。机翼的形状、大小并不固定,根据不同的用途,机翼的形状、大小也各有不同。

(1) 机翼的受力情况:机翼通常要承受气动力、自身重力和惯性力、飞机其他部件的重力及惯性力以及机身的反作用力。

(2) 机翼的基本结构形式:无人机机翼的构造形式很多,最常用的主要有蒙皮骨架式机翼和夹层机翼。

(3) 机翼受力构件的构造及功用:机翼一端固定在机身上,其作用像一根张臂梁一样,因此其构造应能够合理传递剪力、弯曲力矩、扭力矩;同时为了保证良好的气动外形、翼剖面形状不变形,机翼结构还必须具有足够的刚度。

(4) 对机翼结构的基本要求如下:

- 有足够的强度和刚度。
- 质量轻。
- 机件连接方便。
- 生存力强。
- 成本低、维护方便。

2.2.2　机身

机身的主要功用是装载各种设备,并将飞机的其他部件(机翼、尾翼及发动机等)连接成一个整体。

机身一方面是固定机翼和尾翼的基础,另一方面要装备动力装置、设备、起落架以及燃料等。对机身的一般要求如下:

(1) 气动方面:从气动观点看,机身只产生阻力,不产生升力,因此应尽量减少机身尺寸,且外形为流线型。

(2) 结构方面:要有良好的强度、刚度。

(3) 使用方面:机身要有足够的可用容积放置设备、电池、舵机和油箱等,还要便于维修。

(4) 经济方面:经济性要好,适合广泛使用。

2.2.3　尾翼

尾翼是用来配平、稳定和操作固定翼无人机飞行的部件,通常包括垂直尾翼(垂尾)和水平尾翼(平尾)两部分。水平尾翼由水平安定面和升降舵组成,通常情况下水平安定面是固定的,升降舵是可动的。有的高速飞机将水平安定面和升降舵合为一体成为全动平尾。垂直尾翼包括固定的垂直安定面和可动的方向舵。方向舵用于控制飞机的横向运动,升降舵用于控制飞机的纵向运动。

尾翼的形状也是多种多样的,选择什么样的尾翼形状,首先要考虑的是能获得最大效能的空气动力,并在保证强度的前提下,尽量使结构简单、质量轻。

2.2.4　起落装置

起落装置的作用是起飞、着陆滑跑、地面滑行和停放时用来支撑飞机。无人机的起落架大都由减震支柱和机轮组成。

起落架的主要作用是承受着陆与滑行时产生的能量,使飞机能在地面跑道上运动,便于起飞、着陆时的滑跑。

无人机在地面停机位置时,通常有三个支点。按不同的支点位置分布,起落架可以分为前三点式和后三点式。这两种形式的起落架主要区别在于飞机重心的位置。选用前三点式起落架,飞机的重心处于主轮之前、前轮之后;选用后三点式起落架,飞机的重心处于主轮之后,尾轮之前。

对于起落架,应满足如下基本要求:

(1) 确保无人机能在地面自由移动。

(2) 有足够的强度。

(3) 飞行时阻力最小。

(4) 起落架在地面运动时要有足够的稳定性与操纵性。

(5) 在飞机着陆和机轮撞击时,起落架能吸收一部分能量。

(6) 工作安全可靠。

2.2.5　动力装置

动力装置的主要作用是产生拉力和推力,使无人机前进。现在无人机动力装置应用较广泛的有:航空活塞式发动机加螺旋桨推进器、涡轮喷气发动机、涡轮螺旋桨发动机、涡轮风扇发动机及电动机。除了发动机本身,动力装置还包括一系列保证发动机正常工作的系统。

活塞式发动机适用于低速、中低空及长航时无人机,飞机起飞质量较小;涡喷发动机适用于飞行时间较短的中高空、高速无人机;涡轴发动机适用于中低空、低速短距/垂直起降无人机和倾转翼无人机；涡桨发动机适用于中高空长航时无人机；涡扇发动机适用于高空长航时无人机和无人战斗机，飞机起飞质量可以很大，如"全球鹰"重达 11 612 kg；微型电动机适用于微型无人机，飞机起飞质量可小于 0.1 kg。

活塞式发动机是发展最早的航空发动机，其技术非常成熟。航空活塞式发动机分为往复活塞式和旋转活塞式两大类，其中往复活塞式发动机是发展历史最长、技术最为成熟、使用最多、应用最广泛的航空活塞式发动机，一般谈到航空活塞式发动机时，如没有特别说明，则通常指的是往复活塞式发动机。

目前在民用领域主要使用的是往复活塞式发动机及无刷电动机，无刷电动机将在后面多旋翼无人机组成部分详细介绍。

1. 活塞式发动机

活塞式发动机也叫往复式发动机，由气缸、活塞、连杆、曲轴、气门机构、螺旋桨减速器、机匣等组成主要结构。它通过燃料在气缸内的燃烧，将热能转换为机械能。活塞式发动机系统一般由发动机本体、进气系统、增压器、点火系统、燃油系统、启动系统、润滑系统及排气系统构成。

往复活塞式发动机是一种内燃机，由气缸、活塞、连杆、曲轴、机匣和汽化器等组成。它的工作原理是燃料与空气的混合气在气缸内爆燃，产生的高温高压气体对活塞做功，推动活塞运动，并通过连杆带动曲轴转动，将活塞的往复直线运动转换为曲轴的旋转运动。曲轴的转动带动螺旋桨旋转，驱动无人机飞行。整个工作过程包括吸气、压缩、做功和排气四个环节，不断循环往复地进行，使发动机连续运转。

往复活塞式发动机分为二冲程和四冲程两种。二冲程发动机是指在一个工作循环中，活塞由下止点运动到上止点，再从上止点运动到下止点完成一次；四冲程发动机是指一个工作循环中，活塞由下止点运动到上止点，再从上止点运动到下止点完成两次。

2. 二冲程发动机工作原理

二冲程发动机的工作原理如图 2-1 所示，共有两个冲程。

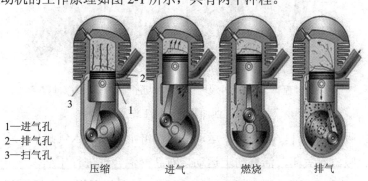

1—进气孔
2—排气孔
3—扫气孔

压缩　　　进气　　　燃烧　　　排气

图 2-1　二冲程发动机工作原理

第一冲程：活塞自下止点向上移动，三个气孔同时被关闭后，进入气缸的混合气体被压缩；在进气孔露出时，可燃混合气流入曲轴箱。

第二冲程：活塞压缩到上止点附近，混合气被压缩到体积最小、压力最大、温度最高的状态，此时可燃混合气爆燃(根据燃料不同可采用点燃或压燃的方式)。依靠螺旋桨转动的惯性，曲轴继续逆时针转动，活塞越过上止点。混合气爆燃产生的高温高压气体膨胀做功，推动活塞向下运动，通过连杆推动曲轴的曲柄销，带动曲轴及螺旋桨逆时针旋转。这时进气孔关闭，密闭在曲轴箱内的可燃混合气被压缩；当活塞接近下止点时排气孔开启，废气冲出；随后换气孔开启，受预压的可燃混合气冲入气缸，驱除废气，进行换气过程。

小型二冲程发动机具有功率大、体积小、质量轻、结构简单、使用维护方便的优点，能满足一般小型低空短航时无人机的要求。但由于二冲程发动机缸数和冷却的限制，进一步提高功率有很大困难，同时由于进、排气过程不完善，造成二冲程活塞式发动机耗油率较高、废气涡轮增压系统难以实现，无法满足中高空长航时无人机的要求。

注：废气涡轮增压系统由废气涡轮增压器、内燃机进气和排气系统组成。内燃机由于受结构尺寸的限制，燃烧气体在气缸内不能充分膨胀至大气压力。因此，排气开始时气缸内的燃气压力远比大气压力高，这样，排气就具有一定的能量。废气涡轮增压系统将排气能量有效地传给涡轮机，使涡轮机获得较高的效率，同时有利于内燃机气缸的扫气。

3．四冲程发动机工作原理

四冲程发动机工作原理如图 2-2 所示。

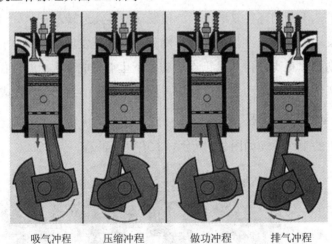

吸气冲程　　压缩冲程　　做功冲程　　排气冲程

图 2-2　四冲程发动机工作原理

第一冲程：吸气阀打开，活塞向下运动，将新鲜混合气吸入气缸。

第二冲程：吸气阀关闭，活塞向上运动，对新鲜混合气进行压缩。

第三冲程：活塞接近上止点，经点火(或压燃)混合气爆燃，高温高压气体对活塞做功，推动活塞向下运动，经连杆带动曲轴旋转。

第四冲程：排气阀打开，活塞向上运动，将爆燃做功后的废气推出到气缸外。然后，吸气阀再次打开，活塞向下运动……不断重复上述过程，发动机连续运转，带动螺旋桨旋转，驱动无人机飞行。

四冲程发动机的结构比二冲程发动机复杂，因此维修工作量比较大。但四冲程发动机具有较大的功率、较低的耗油率、优良的高空性能和较高的可靠性。

固定翼无人机除了以上提到的五个主要部分外，根据无人机操控和执行任务的需要，还装有各种通信设备、导航设备、安全设备等其他设备。这部分内容将在下节多旋翼无人机部分详细讲解。

2.3　多旋翼无人机的构成

目前处于成本和使用方便的考虑，微型和轻型多旋翼无人机中普遍使用的是电动动力系统，大型、中型、小型旋翼无人机采用燃油发动机系统。本书所讲的多旋翼无人机采用的是电动动力系统。

多旋翼飞行器主要由机架、电机、电调(电子调速器)和桨叶组成，为了满足实际飞行需要，还需要配备动力电源、遥控器和遥控接收机、通信链路及飞行控制系统。

2.3.1　机架系统

机架是指多旋翼飞行器的机身架，是整个飞行系统的飞行载体。根据机臂个数不同分为：三旋翼、四旋翼、六旋翼、八旋翼、十六旋翼、十八旋翼，也有四轴八旋翼等，结构不同名称也不同。对于四旋翼，有 X 型结构，这也是当下使用较多的控制方式。除此之外还有十字型，两者原理大致相同，细节小异。机架的重量决定了整个飞行器的基础重量，从而间接影响了飞行器的载重和飞行时间。而这些性能参数主要由机架的材质决定。下面介绍按材质分类的几种机架。

1. 塑胶机架

塑胶机架，其材质由塑胶制作而成。其主要特点是：具有一定的刚度和强度，同时又有一定的可弯曲度。其材质适合初学者的摔摔打打，相对来说较为廉价(当然不是说所有的塑胶机架都十分廉价，只是相对而言多数廉价)。

2. 玻璃纤维机架

玻璃纤维机架强度比塑胶机架强度要高(即"耐摔"，但不建议大家做此尝试)。因为其强度较高，所以常常将玻璃纤维机架制作为长长的管道形，而且需要的材料很少，减少了整体机架的重量。

3. 碳纤维机架

碳纤维机架与玻璃纤维机架相比可以说相差无几。但是就发展前景来说，碳纤维机架更有发展前途。整体来说，玻璃纤维机架和碳纤维机架的价格比其他机架贵一些。

4. 钢制或铝合金机架

钢制或铝合金材料所做出的机架有各种缺点，所以不建议使用。对于有些动手能力强的读者，可以尝试使用现成的工具制作出特定的机架。出于结构强度和重量的考虑，一般使用高强度重量轻的材料，例如碳纤维。如图 2-3 所示即为碳纤维材料制成的风火轮。PA66+30GF(66%塑胶原料加 30%玻璃纤维)机架(F550)如图 2-4 所示。

图 2-3　风火轮　　　　　　　图 2-4　F550(PA66+30GF)

2.3.2　起落架

起落架为多旋翼无人机唯一和地面接触的部位，它用于将飞行器垫起一定高度，以便为云台等挂载设备腾出空间，还可以提供降落缓冲，保障机体安全。对起落架的要求是强度要高，结构要牢固，并且要和机身保持相当可靠的连接，能够承受一定的冲力。一般在起落架前后安装或者涂装上不同的颜色，用来在远距离多旋翼无人机飞行时能够区分多旋翼无人机的前后。

2.3.3　动力系统——电机

电机(Electric Machinery)是多旋翼无人机的动力机构，提供升力、推力等，并且可以通过改变转速来改变飞行器的飞行状态。电机分为有刷直流电机和无刷直流电机两类。

1. 有刷直流电机

有刷电机是早期电机，它是将磁铁固定在电机外壳或者底座上，成为定子；然后将线圈绕组，成为转子。有刷电机内部集成了电刷进行电极换相，保持电机持续转动。在有刷电机中，为了减轻质量，一般转子都采用无铁芯设计，仅由绕线组构成，因此称为

Coreless Motro，即空心杯电机，也称无铁芯电机。空心杯电机也有无刷空心杯电机。空心杯电机一般用在微型四轴无人机上。空心杯电机的主要特点是功耗低、灵敏、转子电感小，转速稳定、响应好且效率较高，最大效率可达 70%甚至 90%以上。空心杯电机的型号一般用数字表示，即用机身的直径和高度来表示。例如，820 电机表示电机尺寸为 8 mm×20 mm，即直径为 8 mm，高度为 20 mm。

2. 无刷直流电机

无刷电机去除了电刷，最直接的变化就是没有了有刷电机运转时产生的电火花，这样就极大地减少了电火花对遥控无线电设备的干扰。无刷电机没有了电刷，运转时摩擦力大大减小，运行顺畅，噪音会低许多，这个优点非常有利于提高模型运行的稳定性。多旋翼无人机采用的就是无刷电机。

电机的主要性能指标和参数有如下两个：

(1) 尺寸。尺寸一般用 4 个数字表示，如 2212 电机、2018 电机等。不管什么品牌的电机，具体都要对应 4 位这类数字，其中前面 2 位是电机转子的直径，后面 2 位是电机转子的高度。注意，不是指外壳。简单来说，前面 2 位越大，电机越肥，后面 2 位越大，电机越高。又高又大的电机，功率就更大，适合做大四轴。通常 2212 电机是最常见的配置了。如图 2-5 所示。

图 2-5　DJI 两款电机

(2) 标称空载 KV 值。电机 KV 值定义为"转速/伏特"，意思为输入电压增加 1 V，无刷电机空转时增加的转速值。例如，1000 KV 电机，表示外加 1 V 电压，电机空转时每分钟转 1000 转；外加 2 V 电压，电机空转就是每分钟 2000 转了。单从 KV 值来看，不可以评价电机的好坏，因为不同 KV 值有不同的适用环境。针对不同尺寸的浆，绕线匝数多的，KV 值低，最高输出电流小，但扭力大，适合大尺寸的浆；绕线匝数少的，KV 值高，最高输出电流大，但扭力小，适合小尺寸的浆。

2.3.4　动力系统——桨叶

动力系统的组成中另一个非常重要的部分就是螺旋桨，螺旋桨是通过自身旋转，将电机转动功率转化为动力的装置。在整个飞行系统中，螺旋桨主要起到提供飞行所需的动能的作用。螺旋桨产生的推力非常类似于机翼产生升力的方式。产生的升力大小依赖于桨叶的形态、螺旋桨迎角和发动机的转速。螺旋桨叶本身是扭转的，因此桨叶角从毂轴到叶尖是变化的。最大安装角在毂轴处，而最小安装角在叶尖处。轻型、微型无人机一般安装定距螺旋桨，大型、小型无人机根据需要可通过安装变距螺旋桨提高动力性能。

螺旋桨按材质一般可分为尼龙桨(如图 2-6)、碳纤维桨(如图 2-7)和木桨(如图 2-8)等。多旋翼无人机安装的都是不可变总距的螺旋桨，主要指标有螺距和尺寸。桨的指标是 4 位数字，前面 2 位代表桨的直径(单位：英寸，1 英寸＝25.4 毫米)后面 2 位是桨的螺距。四轴飞行为了抵消螺旋桨的自旋，相邻的桨旋转方向是不一样的，所以需要正反桨。正反桨的风都向下吹。适合顺时针旋转的叫正桨，适合逆时针旋转的叫反桨。安装的时候，一定需记得无论正反桨，有字的一面是向上的(桨叶圆润的一面要和电机旋转方向一致)。

图 2-6　尼龙桨　　　　　　图 2-7　碳纤维桨　　　　　　图 2-8　木桨

对于电机与螺旋桨如何搭配，这是非常复杂的问题，建议采用大家常见的配置(电机生产厂家会在电机出厂时进行检测，给出该电机匹配的桨叶尺寸，以及在各输入电压情况下的输出能量)。原因是螺旋桨越大，升力就越大，但对应需要更大的力量来驱动；螺旋桨转速越高，升力越大；电机的 KV 越小，转动力量就越大。综上所述，大螺旋桨就需要用低 KV 值的电机，小螺旋桨就需要用高 KV 值的电机(因为需要用转速来弥补升力不足)。如果高 KV 值电机带大桨，力量不够，那么就很困难，实际还是低速运转，电机和电调很容易烧掉。如果低 KV 值电机带小桨，完全没有问题，但升力不够，可能造成无法起飞。表 2-1 中列举了几种电机与螺旋桨的选择。

表 2-1　电机与桨的选配

电机(KV 值)	尺　寸
800～1000	11～10 英寸桨
1000～1200	10～9 英寸桨
1200～1800	9～8 英寸桨
1800～2200	8～7 英寸桨
2200～2600	7～6 英寸桨
2600～2800	6～5 英寸桨

在选择电机和螺旋桨时需要慎重，因为这些关系到使用者和飞行器附近人员的安全。如果有疑惑可以查找相关资料，或找专业人员问清楚。一般来说，低速大螺旋桨比高速小桨的力效更高，但是产生的振动会更大。

2.3.5 动力电源——电池

电动多旋翼飞行器上电机的工作电流非常大，需要采用能够支持高放电电流的动力可充电锂电池供电。在整个飞行系统中，电池作为能源储备，为整个动力系统和其他电子设备提供电力来源。放电电流的大小通常用放电倍率来表示，即C值。C值表示电池的放电能力，也是放电快慢的一种度量，这是普通锂电池与动力锂电池最大的区别。放电电流分为持续放电电流和瞬间放电电流。锂离子电池的充放电倍率，决定了我们可以以多快的速度，将一定的能量存储到电池里，或者以多快的速度，将电池里的能量释放出来。放电倍率越快，所能支撑的工作时间越短。若电池的容量1小时放电完毕，则称为按1C放电；若5小时放电完毕，则称为按1/5 = 0.2C放电。例如容量为1000 mA·h电池如果是5C的放电倍率，那么该电池的持续放电电流可以达到5A，但持续的时间只有1小时/5 = 12分钟。容量为5000 mA·h的电池如果最大放电倍率为20C，则其最大放电电流为5000 mA × 20C = 100 A。电池的放电电流不能超过其最大电流限制，否则容易烧坏电池。放电倍率与放电电流和额定容量的关系可以表示如下：

$$放电倍率(C) = \frac{充放电电流(A)}{额定容量(mA·h)}$$

除了放电倍率的参数特性外，锂离子电池还有如下几个很重要的参数：

(1) 电池容量，表示电池内存储的电量，单位为毫安时(mA·h)。

(2) xSyP参数，锂离子电池一般制作成标准的电芯，单颗电芯的电压为3.7～4.2 V，成品锂离子电池都由若干电芯串联或者并联组合而成。锂离子电池型号一般表示为xSyP，其中x、y为数字，例如3S1P和4S1P等。x表示电池串联的个数，单节电池电压为标准的3.7 V，因此xS的电池电压为3.7x(V)，例如3S电压为11.1 V。y表示电池的并联个数，并联并不影响电压，但可提供更大的电流，一般默认为1节电池并联。放电电流大小就是单节电池的放电电流的值。例如，3S2P就是指6节电池，每2节电池并联成1组后再把3组电池串联起来。

(3) 内阻，锂离子电池的欧姆内阻主要是由电极材料、电解液、隔膜电阻及各部分零件的接触电阻组成的，与电池的尺寸、结构和装配有关。电池的内阻很小，一般用毫欧(mΩ)单位来定义。内阻是衡量电池性能的一个重要技术指标，正常情况下内阻小的电池的放电能力强，内阻大的电池的放电能力弱。

锂离子电池在无人机系统中占有非常重要的地位，尤其在实际飞行过程中，随着电池的放电，电量逐渐减少。研究表明在某些区域，电池剩余容量与电池电流基本呈线性下降关系。而在电池放电后期，电池剩余容量随电流的变化可能是急剧下降的，所以一般会设置安全电压，例如 3.4 V 或其他电压。因此，飞行控制系统需要能够实时监测电量，并确保无人机在电池耗完电前有足够的电量返航。另外，不仅在放电过程中电压会下降，而且由于电池本身的内阻，其放电电流越大，自身由于内阻导致的压降就越大，所以输出的电压就越小。特别需要注意的是在电池使用过程中，不能使电池电量完全放完，不然会对电池造成电量无法恢复的损伤。

从无人机锂离子电池的发展来看，锂电池的智能化是一个重要的发展趋势。目前笔记本电脑、手机以及很多移动设备，都已经采用智能锂电池。无人机的动力电池也正在向智能锂电池的方向发展。无人机锂离子电池的智能化发展主要解决以下几个方面的问题：

① 应用一定的算法计算真实的电池电量，并检测单芯电池的容量，解决电池的过放问题。

② 记录电池的历史数据和充放电数据，统计寿命，解决电池的充电和保存问题。

③ 解决电池电极触点腐蚀老化问题。

④ 解决电池版权问题。

目前在多旋翼飞行器上，一般采用普通锂电池(如图 2-9)或者智能锂电池(如图 2-10)等。

图 2-9　普通锂电池

图 2-10　智能锂电池

2.3.6　电调

电调全称为电子调速器(Electronic Speed Controller)，简称 ESC，如图 2-11 所示。电调主要用飞控输出的 PWM 弱电控制信号为无刷电机提供可控的动力电流输出。飞控板提供的控制信号的驱动能力无法直接驱动无刷电机，需要通过电调最终控制电机的转速。在整个飞行系统中，电调的作用就是将飞控控制单元的控制信号快速转变为电枢电压大小和电流大小可控的电信号，以控制电机的转速，从而使飞行器完成规定的速度和动作等。

图 2-11　电调

电调的主要参数就是电流和内阻。

(1) 电流。无刷电调最主要的参数是电调的电流，通常以安培来表示，如 10 A、20 A 和 30 A。

(2) 内阻。电调具有相应的内阻，需要注意其发热功率。有些电调电流可以达到几十安培，发热功率是电流平方的函数，所以电调的散热性能也十分重要，因此大规格电调内阻一般比较小。

一般电调出厂之后都需要进行行程校准，这个过程相当于让电调知道所用的 PWM 输入信号的最小和最大占空比，并在这个范围之内进行线性对应关系转换。厂家都会提供行程校准的方法，一般通过控制电调驱动电机发出一定频率的音频声音来进行标定确认。

由于电机的电流是很大的，通常每个电机正常工作时，平均有 3 A 左右的电流，如果没有电调的存在，飞行控制系统根本无法承受这样大的电流，而且飞行控制器也没有驱动无刷电机的功能。同时电调在多旋翼无人机中也充当了电压变化器的作用，将 11.1 V 电压变为 5 V 电压给飞行控制系统供电。

电机和电调的连接，一般情况如下：

(1) 电调的输入线与电池连接；

(2) 电调的输出线(有刷两根、无刷三根)与电机连接；

(3) 电调的信号线与接收机连接。

另外，电调一般有电源输出功能(BEC)，即在信号线的正、负极之间有 5 V 左右的电压输出，通过信号线为接收机及舵机供电。

2.3.7　飞行控制系统

多旋翼无人机与固定翼无人机系统的最大区别就是旋翼机本身是一个不稳定系统，也就是在对系统进行无输入控制的情况下，系统会逐渐发散，导致不稳定，甚至坠机；而固定翼无人机本身是一个天然的稳定系统，当没有任何系统和控制输入的时候，系统也能够自行保持稳定飞行。

飞行控制系统(简称为"飞控")是飞行器的控制中枢,其核心是一个 CPU,采用微处理器作为处理中枢,再通过串行总线扩展连接高精度的感应器元件,主要由陀螺仪(飞行姿态感知)、加速计、角速度计、气压计、GPS 及指南针模块(可选配),以及控制电路等部件组成。飞行控制系统实现了传统的 IMU 惯性测量单元进行状态和姿态估算,同时通过高效的控制算法内核以及导航算法,再通过主控制单元实现精准定位悬停和自主平稳飞行。根据机型的不同,可以有不同类型的飞行控制系统,如图 2-12 所示是 DJI(大疆)公司出产的两款多旋翼飞行控制系统。

(a) A2 多旋翼飞控　　　　　　　　　(b) NAZA 多旋翼飞控

图 2-12　DJI 的两款飞行控制系统

本书后面介绍的飞控主要是基于开源理念的 APM。APM 全称为 ArduPilotMega,Ardu 源自 Arduino,Pilot 意指飞行,Mega 代表主芯片为 ATMEGA2560。

1. 飞控板

图 2-13 为 APM 飞控板照片。飞控板的主要功能包括:无人机姿态稳定与控制;与导航系统协调完成航迹控制;无人机起飞(发射)与着陆(回收)控制;无人机飞行管理;无人机任务设备管理与控制;应急控制及信息收集与传递。

图 2-13　APM 飞控板

2. 传感器

如图 2-14 所示,传感器主要包括:GPS,进行位置定位;COMPASS 磁罗盘,确定飞行器的航向;飞控主控,对无人机实现全权控制与管理;IMU 惯性测量单元,测量物体三轴姿态角(或角速率)以及加速度的装置，空速管主要用来测量飞行速度，同时还兼具其它多种功能；视觉定位系统，光流传感器和超声波传感器。

(a) 主控单元　　　　(b) GPS 及指南针模块　　　　(c) IMU 惯性计

图 2-14　飞控系统中的传感器

3．执行机构

无人机执行机构都是伺服作动设备，是导航飞控系统的重要组成部分。其主要功能是根据飞控计算机的指令，按规定的静态和动态要求，通过对无人机各控制舵面和发动机风门等的控制，实现对无人机的飞行控制。伺服作动设备分三种：电动伺服执行机构、电液伺服执行机构、气动伺服执行机构。

2.3.8　遥控系统

无人机的遥控器和遥控接收机是遥控系统的重要组成部分，它负责将地面操控人员的控制指令传送到机载飞控上，以便飞控按照指令执行。接收机装在无人机机身上。微型航模级别的无人机一般选用这种比例的遥控器(如图 2-15)。这类遥控器的特点是轻便，易于使用，操作简单，但遥控距离一般较短，适用于目视距离的操控。遥控器的选用除了要注意不同的生产商，还需要注意有不同通道数的遥控器。通道数决定了可以控制飞行器完成的功能。对于四轴飞行器来说至少需要 4 个通道的遥控器，当然多一些可以完成更多的功能。按通道数来说，遥控器常见的有 6 通道、8 通道、9 通道和 12 通道。每一个通道在遥控器上都能找到相应的控制部分。这些通道用于控制飞行器实现不同的功能。需要注意的是，通道数越多遥控器越贵，所以说使用者应该按需选择。

(a) 遥控器　　　　　　　(b) 接收机

图 2-15　遥控器和接收机

比例遥控发射电路的工作原理是通过操作发射机上的手柄将信号发射出去，具体的工作过程是将电位器阻值的变化信息送入编码电路，编码电路将其转换成一组脉冲编码信号，这组脉冲编码信号可以采用 PPM(Pulse-Position Modulation)调制信号或者 PCM(Pulse-Code Modulation)调制信号两种调制方式，然后再经过高频调制电路载波调制，最后经过高频放大电路将其发射出去。

PPM 也称脉位调制，这种调制系统用脉冲信号的宽度位置来表示舵量，每个通道由 8 个信号脉冲组成，脉冲个数不变，脉冲宽度相同，只是脉冲的相位不同，由相位来代表所传递的编码信息。PPM 的编码方式一般采用积分电路来实现。这种编码方式的优点是简单，成本低。

PCM 调制即脉冲编码调制，这种调制是将若干个通道的舵量大小以二进制数字形式来进行编码，形成数据帧。PCM 的编码通常可以使用模/数(A/D)和数/模(D/A)转换技术来实现。每个通道都是由 8 个信号脉冲组成，其脉冲个数永远不变，只是脉冲的宽度不同。宽脉冲代表"1"，窄脉冲代表"0"。

相比于 PPM 调制，PCM 调制是对在信道中传播的数据帧进行信道编码，因此具有很强的抗干扰能力。PCM 编码比 PPM 编码方式具有一定的优越性。值得指出的是：各个厂家生产的不同型号的 PCM 比例遥控设备，其编码方式都不相同。因此，对于 PCM 设备，只要是不同厂家生产的，即使是相同频率，产生的互相干扰也较小，但是会影响控制距离。

便携式遥控器的通信链路射频由无线电管理委员会管理和分配，占用可用的开放民用频段为 72 MHz、2.4 GHz、5.8 GHz。遥控器的主要参数包含如下几个：

(1) 通道。通道数决定了可以控制飞行器完成的功能。对于四轴飞行器来说至少需要 4 个通道的遥控器，当然多一些通道可以完成更多的功能。按通道数来说，遥控器常见的有 6 通道、8 通道、9 通道和 12 通道。每一个通道在遥控器上都能找到相应的控制部分。这些通道用于控制飞行器实现不同的功能。需要注意的是，通道数越多遥控器越贵，所以说使用者应该按需选择。

(2) 频点。频点即遥控信号的射频载波频率，主要有 72 MHz、2.4 GHz、5.8 GHz，一般 2.4 GHz 居多。

(3) 美国手/日本手。美国手/日本手即油门位置，美国手表示左手控制油门，日本手表示右手控制油门。

(4) 遥控距离。遥控距离一般大于 400 m。

2.3.9 遥测数据链路

无人机的遥测数据链路包括数传和图传，用于地面控制人员对无人机实时飞行状态的感知与定位。数传就是数据传输，由数据传输模块和地面控制站两部分组成。它们接受来自于飞控系统的数据信息。

无线图像传输系统就是图传系统，简称图传。接受机载相机或机载摄像机拍摄的数据实时无损/有损地传输到地面接收设备上，供实时观察和存储，以及进行图像分析等后期处理。无线图传主要应用的开放的载波频段有 2.4 GHz、3.5 GHz、5.8 GHz，还有 26 GHz 等应用频段。其中 2.4 GHz 的图传设备主要采用扩频通信技术或者基于 IEEE 802.11b/g/n 的 WiFi 标准。此外，2.4 GHz 频段上还有蓝牙和 ZigBee 等协议，这导致该频段的信号非常拥挤，存在潜在的速率、干扰、安全和相互兼容等方面的问题。3.5 GHz 的无线接入主要是一对多的微波通信技术，采用 FDD 双工，基于 DOCSO 协议，带宽相对较低，不太适合大规模的图传应用。5.8 GHz 频段由 WLAN 的 802.11n/ac 协议支持，可以基于 WLAN 进行组网方式的图像传输。

2.3.10 导航系统

导航系统向无人机提供相对于所选定的参考坐标系的位置、速度、飞行姿态等信息，引导无人机沿指定航线安全、准时、准确地飞行。因此导航系统之于无人机相当于领航员之于有人机。它的主要功能是：获得必要的导航要素：高度、速度、姿态、航向；给出满足精度要求的定位信息：经度、纬度；引导飞机按规定计划飞行。

目前在无人机上采用的导航系统技术主要包括惯性导航、卫星导航、多普勒导航、地形辅助导航以及地磁导航等。每一种导航系统都有各自的优缺点，在无人机导航中，选择适合的导航系统尤为重要。

1. 惯性导航

在机载设备上，惯性导航一般简称惯导。惯性导航是以牛顿力学为基础，依靠安装在载体内部的加速度计测量载体在三个轴向的加速度，经积分运算后得到载体的瞬时速度和位置，以及测量载体的姿态的一种导航方式。惯性导航完全依赖机载设备自主完成导航任务，工作时不依赖外界信息，也不向外界辐射能量，不易受到干扰，不受气象条件限制。

惯导系统是一种航位推算系统。只要给出载体的初始位置及速度，系统就可以实时地推算出载体的位置、速度及姿态信息，自主地进行导航。纯惯导系统会随着飞行航时的增加，因积分积累而产生较大的误差，导致定位精度随时间增长而呈发散趋势，所以惯导一般与其他导航系统一起工作来提高定位精度。

2. 卫星导航

全球定位系统(GPS)是由美国建立的一套定位系统，可以提供全球任意一点的三维空间位置、速度和时间，是具有全球性、全天候、连续性的精密导航系统。

全球卫星导航分为三部分，包括空间卫星部分、地面监控、卫星接收机部分。在飞机上安装卫星接收机就能得到自身的位置信息和精确到纳秒级的时间信息。

现在全球在使用的卫星导航系统还有俄罗斯的 GLONASS，欧洲的伽利略系统，还有中国建立的北斗系统。

3．多普勒导航

多普勒导航是飞行器常用的一种自主导航系统，它的工作原理是多普勒效应。

多普勒导航系统由磁罗盘或陀螺仪、多普勒雷达和导航计算机组成。磁罗盘或陀螺仪类似指北针，用于测出无人机的航向角，多普勒雷达不停地沿着某个方向向地面发射电磁波，测出无人机相对地面的飞行速度以及偏流角。根据多普勒雷达提供的地速和偏流角数据，以及磁罗盘或陀螺仪提供的航向数据，导航计算机就可以不停地计算出无人机飞过的路线。

多普勒导航系统能用于各种气象条件和地形条件，但由于测量的积累误差，系统会随着飞行距离的增加而使误差加大，所以多普勒导航系统一般用于组合导航中。

4．组合导航

组合导航是指组合使用两种或两种以上的导航系统，达到取长补短，提高导航性能。目前飞行器上实际使用的导航系统基本上都是组合导航系统，如 GPS/惯性导航、多普勒导航/惯性导航等，其中应用最广的是 GPS/惯性导航组合导航系统。

5．地形辅助导航

地形辅助导航是指飞行器在飞行过程中，利用预先存储的飞行路线中某些地区的特征数据，与实际飞行过程中测量到的相关数据进行不断比较来实施导航修正的一种方法。其核心是将地形分成多个小网格，将其主要特征，如平均标高等输入计算机，构成一个数字化地图。

地形辅助导航技术就是利用机载数字地图和无线高度表作为辅助手段来修正惯导系统的误差，从而构成新的导航系统。它与其他导航方法的根本区别在于数字地图对主导航系统仅能起到辅助修正作用，离开了惯导系统，数字地图无法独立地提供导航信息。

地形辅助系统可分为地形匹配、景象匹配等。

1）地形匹配

地形匹配也称地形高度相关。其原理是地球表面上任意一点的地理坐标都可以根据其周围地域的等高线或地貌来当值确定。飞行一段时间后，即可以得到真航迹的一串地形标高。将测得的数据与存储的数字地图进行相关分析，确定飞机航迹对应的网格位置。因为事先确定了网格各点对应的经纬度值，这样就可以使用数字地图校正惯导。

2）景象匹配

景象匹配也称景象相关。它与地图匹配的区别是：预先输入到计算机的信息不只是高度参数，还包含了通过摄像等手段获取的预定飞行路径的景象信息，可将这些景象数字化后存储在机载设备上。飞行中，通过机载摄像设备获取飞行路径中的景象，与预存数据比较，确定飞机的位置。

6.地磁导航

地磁是地球天然的固有资源，早期航船就是利用指北针来进行导航的。由于地球场为矢量场，在地球的任一空间上的地磁量都是不同的，并且与该地点的经纬度存在对应关系，因此在理论上确定该地点的地磁场矢量就能实现全球定位。

地磁导航在跨海制导方面有一定的优势，其缺点是地磁匹配需要存储大量的地磁数据，并且需要高性能的处理器来进行数据匹配。

2.3.11　地面站控制系统

由于无人机的操控人员无法在机上监控飞行器的状态，只能在地面上检测无人机的飞行状态并控制其飞行任务，因此无人机地面控制站对地面操控人员来说就是无人机重要的维护保障平台。

地面控制站通过与无人机建立空地双向通信链路，实现对机载系统的遥测与遥控。遥测通道主要负责实时监视无人机的各种飞行状态和飞行数据，同时为地面人员提供指令输入接口，让操控人员可以向无人机发送各种指令数据，包括飞行模式切换、起降指令、任务执行指令，甚至飞控参数调整指令等。

地面站根据应用需求有多种不同的形态和特征。一般小型的无人机可以直接在手机或者平板上连接一个数传模块实现简易的地面站功能。这种地面站由于接收机功率有限，它的测控距离仅为十几米到几十米远。而稍大型的乃至工业无人机可以配备便携式地面站。军用无人机、需要执行视距外的飞行任务以及远程操控的飞行器则会采用更大型的地面测控站来作为飞行器的维护保障系统。如图 2-16 所示是各种不同的地面站。

图 2-16　各种不同的地面控制站

控制站系统—显示系统，在显示系统中显示的信息包括各种飞行参数，如飞行与导航信息、数据链状态信息、设备状态信息、指令信息；告警视觉信息，比如灯光、颜色、文字；听觉信息，如语音、音调。一般分为提示、注意和警告三个级别；可进行地图航迹显示，如导航信息显示、航迹绘制显示以及地理信息显示。控制站显示系统如图2-17所示。

图2-17　控制站显示系统

2.3.12　任务载荷云台和摄像头

无人机根据任务不同，可以搭载不同设备进行工作。常用的无人机任务设备有：航拍相机、测绘激光雷达、气象设备、农药喷洒设备、激光测距仪器、红外相机、微光夜视仪、航空武器设备等。

有些任务载荷，如航拍系统，需要保持姿态的稳定以实现视角和镜头的稳定。因此这类任务载荷一般都是安装在一个两轴或者三轴的稳定云台上。云台是安装固定摄像头的支撑设备。云台作为相机或摄像机的增稳设备，提供两个方向或三个方向的稳定控制。云台可以和控制电机集成在一个遥控器中，也可以单独进行遥控控制。图2-18是一个三轴稳定云台。

摄像头是很多航拍无人机上的必备部件，用于拍摄动态视频和高清图片。很多专业摄影无人机提供大载荷的运载能力，从而能够挂载比较专业的影视专用摄像机进行电影电视拍摄。图2-19所示是搭载在多旋翼无人机上的某款佳能相机。

图 2-18　三轴稳定云台

图 2-19　佳能 EOS 相机

2.4　无人机飞行原理

2.4.1　空气动力学知识

当一个物体在空气中运动时，或者当空气从物体表面流过的时候，空气对物体都会产生作用力。我们把这种空气作用在物体上的力叫做空气动力。

空气动力作用在物体的整个表面上，它既可以产生对飞机飞行有用的力，也可以产生对飞机飞行不利的力。升力是使飞机克服自身重量保持在空气中飞行的力；阻力是阻碍飞机前进的力。为了使飞机能够在空气中飞行，就要在飞机中安装发动机，产生向前的推力去克服阻力；飞机和空气发生相对运动，产生升力去克服重力。

为了进一步讨论飞机的升力和阻力，我们需要简单介绍一下空气动力学的几个基本原理。

1．相对性原理

在运动学中，把运动的相对性叫做相对性原理或者叫做可逆性原理。

相对性原理对于研究飞机的飞行是很有意义的。飞机和空气做相对运动，无论是飞机运动而空气静止，还是飞机静止而空气向飞机运动，只要相对运动速度一样，那么作用在飞机上的空气动力就是一样的。

根据这个原理，在做实验的时候，可以采用一种叫做风洞的实验设备。这种设备利用风向或其他方法在风洞中产生稳定的气流。把模型放在风洞里，进行吹风实验，用来研究飞机的空气动力问题，模型在风洞里飞行时测出的数据和模型在空气中以相同的速度飞行时测出的数据是相近似的。

2．连续性原理

为了一目了然地描述流体的流动情况，需要引入流线的概念。流体微团流动时所经过的路径叫做流线。图 2-20 是稳定流体流过某一个通道的流线。

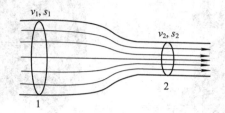

图 2-20　流线图

从图中可以看到，截面宽的地方流线稀，截面窄的地方流线密。由于流线只能在通道中流动，在单位时间内通过通道上任何截面的流体质量都是相等的。因此，连续性原理可以用下式表示：

$$\rho vs = 常数$$

假设流体是不可压缩的，也就是说流体密度 ρ 保持不变，截面 1 的面积是 s_1，截面 2 的面积是 s_2，通过截面 1 时的流体速度是 v_1，通过截面 2 时的流体速度是 v_2，于是有：

$$v_1 s_1 = v_2 s_2$$

由公式和图 2-20 可以看到，截面窄、流线密的地方，流体的流速快，截面宽、流线稀的地方，流体的流速慢。通过以上分析就很容易解释窄水流快，路面窄风速大的现象了。

3. 伯努利定律

如果两手各拿一张薄纸，使它们之间的距离大约为 4～6 cm。然后用嘴向这两张薄纸中间吹气，如图 2-21 所示。你会看到，这两张纸不但没有分开，反而相互靠近了，而且用嘴吹出来的气体速度越快，两张纸就靠得越近。这是为什么呢？这就是由于伯努利定律的作用。简单地说就是流体的速度越快，静压力越小；速度越慢，静压力越大。这里说的流体一般是指空气或水，这就是伯努利定律。伯努利定律是空气动力学最重要的公式。

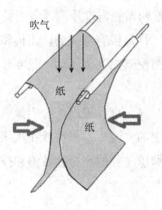

图 2-21　伯努利定律

从这个现象可以看出，当两张纸中间有空气流过的时候，中间空气流动的速度快，压强便小了，纸外压强比纸内大，内外的压强差就把两张纸往中间压去，中间空气流动的速度越快，纸内纸外的压强差也就越大，两张纸就靠得越近。

伯努利定理是能量守恒定律在流体中的应用。当气体水平运动的时候，它包括两种能量：一种是垂直作用在物体表面的静压强的能量，另一种是由于气体运动而具有的动压强的能量，这两种能量的和是一个常数。

静压强就是通常讲的压强，用 p 表示，单位是 kgf/m^2，动压强用 $\frac{1}{2}\rho v^2$ 表示，其中ρ是空气密度，单位是 kgs^2/m^4(因为密度ρ和比重γ的单位关系是$\gamma = \rho g$，重力的单位是 kgf，γ的单位是 kgf/m^3，g 的单位是 m/s^2，所以空气密度的单位是 kgs^2/m^4)。如果忽略气体的压缩性以及温度变化的影响，伯努利定理可以用下式表示：

$$\frac{1}{2}\rho v^2 + p = 常数$$

用伯努利定理研究前述截面情况，就有：

$$\frac{1}{2}\rho v_2{}^2 + p_2 = \frac{1}{2}\rho v_1{}^2 + p_1$$

从上式可以得知，在ρ不变的情况下，由于截面 2 处的流速 v_2 大于截面 1 处的流速 v_2，所以截面 2 处的静压强 p_2 小于截面 1 处的静压强 p_1。

伯努利定律在日常生活中也常常应用，最常见的可能是喷雾器(如图 2-22 所示)，当压缩空气朝 A 点喷去时，A 点附近的空气速度增大，静压力减小，B 点的大气压力就把液体压到出口，刚好被压缩空气喷出成雾状。读者可以在家里用杯子跟吸管来试验，压缩空气就靠你的肺了，表演时吸管不要成 90°，倾斜一点点即可(以免空气直接吹进管内造成皮托管效应)，这样效果会更好。

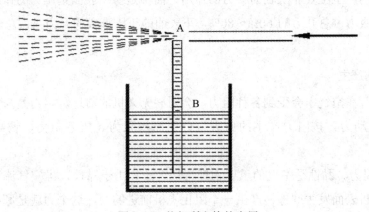

图 2-22　伯努利定律的应用

2.4.2 升力和阻力

1．升力的产生

综合上述的三个定理，有如下结论：流管变细的地方，流速大，压力小；反之，流管变粗的地方，流速小，压力大。根据这一结论，就可初步说明机翼上产生升力的原因了。

从空气动力角度来看，飞机的几何外形由机翼、机身和尾翼等主要部件共同构成。飞机的升力绝大部分是由机翼产生，尾翼通常产生负升力，飞机其他部分产生的升力很小，一般不考虑。图 2-23 所示为无人机产生升力的原理。

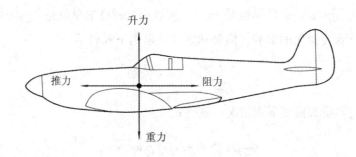

图 2-23　无人机受力分析

从图 2-23 中可以看到，空气流到机翼前缘，分成上、下两股气流，分别沿机翼上、下表面流过，在机翼后缘重新汇合后向后流去。机翼上表面比较凸出，流管较细，说明流速加快，压力降低。而在机翼下表面，气流受阻挡作用，流管变粗，流速减慢，压力增大。这里就应用到了上述两个定理。于是机翼上、下表面出现了压力差，垂直于相对气流方向的压力差的总和就是机翼的升力。这样，重于空气的飞机借助机翼上获得的升力克服自身重力，从而翱翔在蓝天。

机翼升力的产生主要靠上表面吸力的作用，而不是靠下表面正压力的作用，一般机翼上表面形成的吸力占总升力的 60%～80%，下表面的正压形成的升力只占总升力的 20%～40%。

2．阻力的产生

无人机飞行在空气中会受到各种阻力，会阻碍无人机的前进。阻力是与无人机运动方向相反的空气动力，按阻力产生的原因可分为摩擦阻力、压差阻力、诱导阻力和干扰阻力。

(1) 摩擦阻力。黏性是空气的重要物理特性之一。由于黏性，当空气流过无人机表面时，会与无人机表面发生摩擦，产生一个阻止飞机前进的力，这个力就是摩擦阻力。摩擦阻力的大小是由空气的黏性、飞机的表面状况以及同空气相接触的无人机表面积共同决定的。空气黏性越大，无人机表面越粗糙，表面积越大，摩擦阻力也就越大。

(2) 压差阻力。在运动方向上，由前、后的压力差形成的阻力叫压差阻力。例如人在逆风中行走，会感到阻力的作用，这就是一种压差阻力。无人机的机身、尾翼等部件都会产生压差阻力。

(3) 诱导阻力。升力产生的同时还对无人机附加了一种阻力。这种因产生升力而诱导出来的阻力称为诱导阻力，是无人机为产生升力而付出的一种"代价"。

(4) 干扰阻力。干扰阻力是无人机各部分之间因气流相互干扰而产生的一种额外阻力。这种阻力容易产生在机身和机翼、机身和尾翼、机翼和发动机短舱、机翼和副油箱之间。

以上四种阻力是对低速无人机而言的，对于高速无人机，除了也有这些阻力外，还会产生波阻等其他阻力。

3. 失速

只要机翼产生的升力足够抵消飞行器的总载荷，飞机就会一直飞行。当升力急剧下降时，飞机就失速。通俗地讲，就是当飞机前进时产生的升力没有飞机的重量大时飞机就会下降或摔机。

记住，每次失速的直接原因是迎角过大。所谓迎角，就是相对气流方向与翼弦所夹的角。在飞行速度等其他条件相同的情况下得到最大升力的迎角，叫做临界迎角。在小于临界迎角范围内增大迎角，升力增大；超过临界迎角后，再增大迎角，升力反而减小。迎角增大，阻力也增大，迎角越大，阻力增加越多；超过临界迎角，阻力急剧增大。对于不同的翼型，这个临界迎角也不同。

对于固定翼无人机来说，为了顺利起飞，要么需要在跑道上滑行，要么需要手动投掷或者使用投射器发射。飞机起飞与降落几乎都是沿着水平方向前进，而且前进方向应该逆风，因为是相对于风的速度产生了升力，而非相对于地面的速度，所以，起飞需要一片方位理想、开阔、没有障碍物的场地。

无人机的飞行速度等于失速时飞机是会直线下坠的，如果低于失速速度就更不能维持飞行状态了。因此，必须把飞行速度提高到高于失速速度，才能保证飞机正常飞行，而且要保持这种速度直到降落。接触地面时，飞机速度从一个值(高于失速速度)降到 0。整个着陆过程非常剧烈，尤其是在自动驾驶模式下采用滑行平飞时。滑行平飞操作需要在接近地面前预先准备，而准备工作需要转化为手动操作，因此不能确保安全。

着陆是固定翼无人机最容易损坏的时候，因为低速度会影响操作指令的执行效果。无人机应该限定一个最大上升角度，超过这一角度时，无人机的速度和升力会骤降；同时，还应限定一个最大下降角度，超过这一角度时，无人机的速度会猛增。

2.5　多旋翼无人机飞行原理

多旋翼飞行器是通过调节多个电机转速来改变螺旋桨转速，实现升力的变化，进而达到飞行姿态控制的目的的。

以四旋翼飞行器为例，飞行原理如图 2-24 所示，电机 1 和电机 3 逆时针旋转的同时，电机 2 和电机 4 顺时针旋转，因此飞行器平衡飞行时，陀螺效应和空气动力扭矩效应全被抵消。与传统的直升机相比，四旋翼飞行器的优势在于：各个旋翼对机身所产生的反扭矩与旋翼的旋转方向相反，因此当电机 1 和电机 3 逆时针旋转时，电机 2 和电机 4 顺时针旋转，可以平衡旋翼对机身的反扭矩。四旋翼飞行器在空间共有 6 个自由度(分别沿 3 个坐标轴作平移和旋转动作)，这 6 个自由度的控制都可以通过调节不同电机的转速来实现。

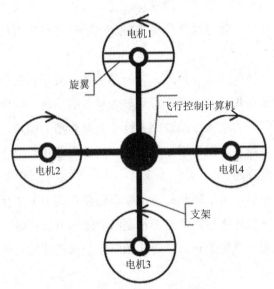

图 2-24　四旋翼分行器飞行原理

1．垂直运动(即升降控制)

在图 2-25 中，两对电机转向相反，可以平衡其对机身的反扭矩，当同时增加四个电机的输出功率，旋翼转速增加使得总的拉力增大，当总拉力足以克服整机的重量时，四旋翼飞行器便离地垂直上升；反之，同时减小四个电机的输出功率，四旋翼飞行器则垂直下降，直至平衡落地，实现了沿 z 轴的垂直运动。当外界扰动量为零时，在旋翼产生的升力等于飞行器的自重时，飞行器便保持悬停状态。保证四个旋翼转速同步增加或减小是垂直运动的关键。

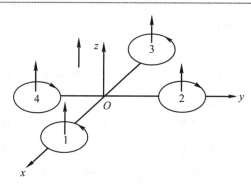

图 2-25　垂直运动

2．俯仰运动(即前后控制)

在图 2-26 中，电机 1 的转速上升，电机 3 的转速下降，电机 2、电机 4 的转速保持不变。为了不因为旋翼转速的改变引起四旋翼飞行器整体扭矩及总拉力改变，旋翼 1 与旋翼 3 转速改变量的大小应相等。由于旋翼 1 的升力上升，旋翼 3 的升力下降，产生的不平衡力矩使机身绕 y 轴旋转(方向如图 2-26 所示)，同理，当电机 1 的转速下降，电机 3 的转速上升时，机身便绕 y 轴向另一个方向旋转，实现飞行器的俯仰运动。

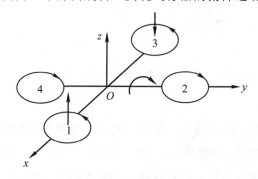

图 2-26　俯仰运动

3．横滚运动，即左右控制

与图 2-26 的原理相同，在图 2-27 中，改变电机 2 和电机 4 的转速，保持电机 1 和电机 3 的转速不变，便可以使机身绕 x 轴方向旋转，从而实现飞行器的横滚运动。

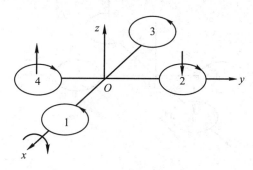

图 2-27　横滚运动

4．偏航运动(即旋转控制)

四旋翼飞行器偏航运动可以借助旋翼产生的反扭矩来实现。旋翼转动过程中由于空气阻力作用会形成与转动方向相反的反扭矩，为了克服反扭矩影响，可使四个旋翼中的两个正转，两个反转，且对角线上的各个旋翼转动方向相同。反扭矩的大小与旋翼转速有关，当四个电机转速相同时，四个旋翼产生的反扭矩相互平衡，四旋翼飞行器不发生转动；当四个电机转速不完全相同时，不平衡的反扭矩会引起四旋翼飞行器转动。在图 2-28 中，当电机 1 和电机 3 的转速上升，电机 2 和电机 4 的转速下降时，旋翼 1 和旋翼 3 对机身的反扭矩大于旋翼 2 和旋翼 4 对机身的反扭矩，机身便在富余反扭矩的作用下绕 z 轴转动，从而实现飞行器的偏航运动。

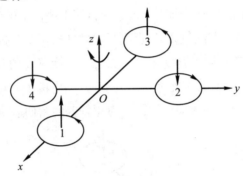

图 2-28　偏航运动

5．前后运动

要想实现飞行器在水平面内前后、左右的运动，必须在水平面内对飞行器施加一定的力。在图 2-29 中，增加电机 3 的转速，使拉力增大，相应减小电机 1 的转速，使拉力减小，同时保持其它两个电机转速不变，反扭矩仍然要保持平衡。按图 2-26 的理论，飞行器首先发生一定程度的倾斜，从而使旋翼拉力产生水平分量，因此可以实现飞行器的前飞运动。向后飞行与向前飞行正好相反。(在图 2-26 和图 2-27 中，飞行器在产生俯仰、翻滚运动的同时也会产生沿 x、y 轴的水平运动。)

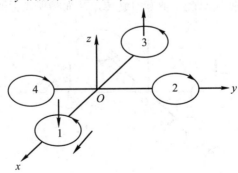

图 2-29　前后运动

6．侧向运动

在图 2-30 中，由于结构对称，所以侧向飞行的工作原理与前后运动完全一样。

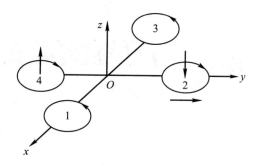

图 2-30　侧向运动

 飞行控制系统概述

3.1 飞行控制系统存在的意义

无人机飞控是指能够稳定无人机飞行姿态，并能控制无人机自主或半自主飞行的控制系统，是无人机的大脑。

固定翼无人机飞行的控制通常包括方向、副翼、升降、油门、襟翼等控制舵面，通过舵机改变飞机的翼面，产生相应的扭矩，控制飞机转弯、爬升、俯冲、横滚等动作。

传统直升机形式的无人机通过控制直升机的倾斜盘、油门、尾舵等，控制飞机转弯、爬升、俯冲、横滚等动作。

多轴形式的无人机一般通过控制各轴桨叶的转速来控制无人机的姿态，以实现转弯、爬升、俯冲、横滚等动作。

飞行控制系统通过高效的控制算法内核，能够精准地感应并计算出飞行器的飞行姿态等数据，再通过主控制单元实现精准定位悬停和自主平稳飞行。在没有飞行控制系统的情况下，有很多的专业飞手经过长期艰苦的练习，也能控制飞行器非常平稳地飞行，但是，这个难度和要求特别高，同时需要非常丰富的实战经验。如果没有飞行控制系统，飞手需要时时刻刻关注飞行器的动向，眼睛完全不可能离开飞行器，时时刻刻处于高度紧张的工作状态。而且，人眼的有效视距是非常有限的，即使能稳定地控制飞行，但是控制的精度也很可能满足不了任务的需求，控制距离越远，控制精度越差。因此，飞行控制系统是目前实现简单操控和精准飞行的必备武器。

3.2 飞行控制系统的主要硬件

飞行控制系统是无人机完成起飞、空中飞行、执行任务和返场回收等整个飞行过程的

核心系统，该系统对于无人机而言相当于驾驶员对于有人机的作用，是无人机最核心的技术之一。通常把飞行控制器简称为飞控，一般包括传感器、机载计算机和伺服作动设备三大部分，实现的功能主要有无人机姿态稳定和控制、无人机任务设备管理和应急控制三大类。传感器主要包括陀螺仪(飞行姿态感知)、加速计、地磁感应、气压传感器(悬停高度粗略控制)、超声波传感器(低空高度精确控制或避障)、光流传感器(悬停水平位置精确确定)、GPS 模块(水平位置高度粗略定位)及控制电路部分。飞行控制系统一般主要由主控单元 MCU(Main Control Unit)、惯性测量单元 IMU(Inertial Measurement Unit)、GPS 指南针模块、LED 指示灯模块等部件组成。

3.2.1　主控单元

主控单元是飞行控制系统的核心，通过它将 IMU、GPS 指南针、舵机和遥控接收机等设备接入飞行控制系统，从而实现飞行器的自主飞行功能。除了辅助飞行控制以外，某些主控器还具备记录飞行数据的黑匣子功能。如图 3-1 所示为大疆公司(DJI)的 Ace One。主控单元还能通过 USB 接口，进行飞行参数的调节和系统的固件升级。

图 3-1　DJI 的 Ace One 主控单元

3.2.2　惯性测量单元(IMU)

惯性测量单元(IMU)提供飞行器在空间的姿态的传感器原始数据。一般地，一个 IMU 包含了三个单轴的陀螺、三个轴加速度计和气压高度计，陀螺检测载体相对于导航坐标系的角速度。加速度计检测物体在载体坐标系统独立三轴方向的加速度信号。测量物体在三维空间中的角速度和加速度，并以此解算出物体的姿态，这在导航中有着很重要的价值。IMU 是测量物体三轴姿态角(或角速率)以及加速度的装置。IMU 大多用在需要进行运动控制的设备上，也被用在需要对姿态进行精密位移推算的场合，如潜艇、飞机、导弹和航天器的惯性导航设备。气压高度计是通过测量大气压力来间接获取气压高度的传感器。

IMU 是高精度感应飞行器姿态、角度、速度和高度的元器件集合体，在飞行辅助功能中充当极其重要的角色。如图 3-2 所示为一个 IMU 单元。

图 3-2　IMU 单元

3.2.3　GPS 指南针模块

GPS 指南针模块包含 GPS 模块和指南针模块，如图 3-3 所示。全球导航卫星系统主要包含美国的 GPS 全球定位系统、俄罗斯的 GLONASS、欧洲的 GALILEO、中国的北斗卫星导航系统，以及一些区域增强系统等。无人机在室外无人自主驾驶飞行时必须要通过 GNSS(Globle Navigation Satellite System)系统来获得自己的位置信息，同时计算与规划航线之间的关系，并转换成飞行器的控制信号，从而控制飞行器按照既定的飞行路线飞行。因此飞控系统一般都集成有 GNSS 模块的接口。GNSS 模块一般都采用标准串口(波特率为 57 600)与主控设备互连。不同飞控板提供的 GNSS 接口与 GPS 模块相互兼容。由于磁场容易受到外围环境的干扰以及电机的影响，因此对于磁力计的安装一般采用板载和外挂相结合的方式来处理。图 3-3 是大疆公司采用外挂的 GPS 模块同时集成了指南针模块。指南针模块的应用主要通过磁力计传感器开发，主要目的是尽可能地将磁力计移出受干扰的机体区域。GPS 指南针模块用于精确确定飞行器的方向及经纬度。对于失控保护自动返航、精准定位悬停等功能的实现至关重要。

图 3-3　大疆 GPS 指南针模块

3.2.4　LED 指示灯模块

LED 指示灯模块接收主控制单元的信号来控制 LED 灯的亮灭以及闪烁，以指示系统的状态，如图 3-4 所示。该模块的主要目的是用于实时显示飞行状态，是飞行过程中必不可少的模块之一，它能帮助飞手实时了解飞机的飞行状态。

图 3-4　DJI 的 WKM 飞控的 LED 指示灯模块

3.3　飞行控制系统控制模式

飞行控制系统一般提供三种飞行模式：GPS 姿态模式、姿态模式和手动模式。

1．GPS 姿态模式

这种模式下飞控必须要有选配 GPS 模块，除了能自动保持飞行器姿态平稳外，还具备精准定位的功能，在该种模式下，飞行器能实现定位悬停、自动返航、自动降落等功能。

1) 定位悬停

在这种模式下，旋翼无人机保持悬停状态，即使在风中也不例外，无人机借助全球定位系统可以原地不动。使用悬停模式时，固定机翼无人机保持固定高度，围绕当时自己所处位置盘旋。

该模式可以让操控人员在一段时间内全神贯注地使用实用载荷，如用相机取景拍摄。此时，无人机如同"飞行拍摄杆"，随意上升下降，同时保证无人机的位置和方向。这种模式也可以称为"等待模式"，用于躲避危险，或让操控人员稍事休息。

只要在控制台上进行一步操作就可以进入这种模式，操控人员只需松开操控，无人机即可进入悬停状态。

2) 自动返航

在无人机过分远离操控人员的情况下，这时最佳应对模式是使无人机返回在启动时存录的全球卫星定位系统坐标位置。自动返航分几步进行：首先，无人机到达预先设定好的安全高度，目的是在各种障碍物上方飞行；然后，无人机向"家"的方向飞行；到达目的地后,无人机切换成悬停状态,请操控人员选择手动控制或是让无人机自动降落。

自动返航常常与失效保护模式配合使用:失效保护模式在无线电联系切断、电池能量不足等意外状况下自动启动。当然,自动返航只有在和全球卫星定位系统保持通信的条件下才能够使用。

3) 自动起降

对于旋翼无人机来说,只需要按下一个按钮,无人机就可以上升至几米的高度然后保持悬停状态,降落时,随着机身接近地面,无人机速度不断下降,然后在接触到地面时自动关闭引擎。

对于固定翼无人机来说,自动起飞需要先判断风向,确定风向后相应地决定无人机的起飞方向。一旦无人机相对于空气的速度超过规定值(比如在手动抛出无人机或者用投射器射出无人机后),自动驾驶仪将启动引擎,调整无人机获得理想的上升角度。着陆时,无人机需要逆风呈环形路线下降。

2.姿态模式

姿态模式适合于没有 GPS 信号或 GPS 信号不佳的飞行环境,能实现自动保持飞行器姿态和高度,但是,不能实现自主定位悬停。

姿态模式简单地说就是自动平衡模式,但是只能保证自动平衡,不能定点悬停,需要手动干预。如果需要定点悬停,则需要切换到 GPS 模式。

3.手动模式

这种模式只能由比较有经验的飞手来控制,在该模式下,飞行控制系统不会自动保持飞行姿态和高度的稳定,完全由飞手手动控制。非受过专业飞行训练的飞手,请勿尝试此种模式。

3.4 常用的飞行控制算法

无人机的飞行控制器用于自动保持飞行器处于一个特定的状态(悬停、飞行等)。由于无人机经常处于"超视距"的环境飞行,所以能实现自主控制飞控非常重要,同时飞控通常配备其他辅助功能,以方便用户的操作。本文以多旋翼无人机系统为例,介绍一些常见的飞行控制算法。

旋翼类无人机系统的算法主要有两类:姿态检测算法、姿态控制算法。姿态控制、被控对象(多旋翼无人机)、姿态检测三个部分构成一个闭环控制系统。被控对象的模型是由其物理系统决定的,设计无人机的算法就是设计姿态控制算法、姿态检测算法。

1. 姿态检测算法

姿态检测算法的作用就是将加速度计、陀螺仪等传感器的测量值解算成姿态,进而作为系统的反馈量。常用的姿态检测算法有卡尔曼滤波、互补滤波等。

所谓信号滤波,是指信号中有各种频率的成分,滤掉不想要的成分,即噪声,留下有用的成分。由于飞行器的特征数据和传感器的信息在采集、获取、传送和转换的过程中,都处于复杂的物理和电磁环境当中,很多机体振动、气流影响、电磁干扰等都会成为噪声源,污染信号质量,为此,采用的策略就是在飞控处理器中对信号进行一定的前端滤波降噪处理。

卡尔曼滤波是以最小均方误差为估计的最佳准则,来寻求一套递推估计的算法,其基本思想是:采用信号与噪声的状态空间模型,利用前一时刻的估计值和现时刻的观测值来更新对状态变量的估计,求出现时刻的估计值。它适合于实时处理和计算机运算。卡尔曼滤波的一个典型实例是从一组有限的,从对物体位置的、包含噪声的观察序列中预测出物体的坐标位置及速度(有关卡尔曼滤波详细内容可参照控制理论学相关知识)。

2. 姿态控制算法

控制飞行器姿态的三个自由度,以给定姿态与姿态检测算法得出的姿态偏差作为输入,被控对象模型的输入量作为输出(如姿态增量),从而达到控制飞行器姿态的作用。最常用的就是 PID 控制及其各种 PID 扩展(分段、模糊等),高端的有自适应控制。

什么是 PID 呢?其中,P 代表比例控制,I 代表积分控制,D 代表微分控制。比例微分积分线性控制即 PID 线性控制理论,是经典控制理论中甚至一些非线性控制系统中最常见的控制方法。PID 调节规律是连续系统动态品质校正的一种有效方法。

1) 比例控制

当操作人员控制一个系统,要求系统的输出达到某个值时给予一定的输入值,输出值逐渐接近直到达到指定的输出值,这个过程中输出值与指定输出值之间的差可以作为输入值的参考控制量,并进行一定的比例调整。

2) 积分控制

有些系统往往存在长时间偏差,比例控制项所计算得到的输入控制量无法修正该偏差,这时候需要通过对历史误差量的累积分析来辨别并控制长时间带来的累积误差。这就是积分控制。由于积分项是将过去的历史误差信息累积起来,具有比较大的滞后效果,对于系统本身的稳定性会有影响,因此如果积分项的系数设置不合理,它的影响很难被迅速修正,导致系统响应的延迟。通常情况下,都是将响应时的比例控制与积分控制结合起来使用。

3) 微分控制

微分控制项对应的是实际输出值与指定输出值之间误差的微分项与微分系数的乘积，也就是对应了误差项的变化率。误差变化率越快，微分绝对值越大，误差增大时，微分的符号为正，误差减小时，微分的符号为负。微分控制项相当于对输出量的二阶预测，并针对预测量提前进行调整。微分控制项具有对输出控制的阻尼作用，或者具有提前预测的作用。

4) PID参数的调试

比例系统 P 用来控制响应，PID 参数调试的原则是在不产生振动的情况下让比例参数 P 值尽可能地高，也就是在没有超调的情况下尽可能让输出迅速达到指定值。一般来说比例系数 P 值越高，控制力越强，但 P 太大则容易震荡；P 值越小，则控制也越弱，机体运动的响应就越慢，而 P 太小则不能迅速地修正角速度误差，表现出跟随性较弱。

积分项 I 是对积分周期内的误差情况的累积，主要用于修正系统的误差偏移，I 值太小会使得输出的控制量主要依赖当前的误差，可能产生长时间的偏移；但如果 I 值太大，则表现为系统对控制的反应能力下降，反应迟缓。累积误差在表现上就是飞行器的漂移，如果在没有输入控制量或者没有打舵的时候飞行器仍然飘向一边，则可以通过积分项的调整来修正飞行器的漂移。

微分项 D 控制的是某个量是否是很快达到目标值，并且是否会过冲，它相当于对 P 参量的一个负向阻尼作用，主要用于抑制机体震荡过冲。如果飞行器在操控者打杆时非常快速地响应，那么它可能会超过指定的输出控制量，然后形成机体抖动，增加微分项 D 值则可以修正这种抖动，因此微分需要与比例项一同调节。由于 PID 的参数是将不同的量纲数据进行转换，因此它的参数获取与系统调试密切相关，并且需要经过大量的粗调和精调实验。对于无人机系统来说，调试试验具有一定的危险性，如果参数偏差太大，则摔机的风险较大。因此一般都建议基于已经调好的参数进行微调。一般开源的飞控如 APM 的默认参数已经可以让飞行器进行基本的飞行动作。

3.5 飞行控制器的设置步骤

本小节以 APM 2.8 为例介绍飞行控制器的设置步骤。

3.5.1 APM 自驾仪简介

ArduPilotMega 自动驾驶仪(简称 APM 自驾仪)是一款非常优秀而且完全开源的自动驾驶控制器，可应用于固定翼、直升机、多旋翼、地面车辆等，同时还可以搭配多款功能强大的地面控制站使用。在地面控制站软件中可以在线升级固件、调参，使用一套全双工的无线数据传输系统在地面站与自驾仪之间建立起一条数据链，即可组成一套无人机自动控制系统，非常适合个人组建自己的无人机驾驶系统。APM 硬件的版本有 2.5、2.6 和 2.8。APM 固件版本很多，APM 硬件由于存储空间有限，最高支持到 3.2.1 的 APM 固件。所谓固件，英文名为 Firmware，通常指所有电子产品上的程序。自驾仪、无线电遥控器和照相机上的固件要定期更新，保证获得新的功能，改进性能。

APM 的性能特点如下：

(1) 免费的开源程序，支持多种载机。ArduPlane 模式支持固定翼飞机，Arducoper 模式支持直升机与多旋翼(包括三轴、四轴、六轴、八轴等)，ArduRover 模式支持地面车辆。

(2) 人性化的图形地面站控制软件，通过一根 Micro_USB 线或者一套无线数传连接，鼠标点击操作就可以进行设置和下载程序到控制板的 MCU 中，无需编程知识和下载线等其它硬件设备。但如果想更深入地了解 APM 的代码的话，仍旧可以使用 Arduino 来手动编程下载。

(3) 地面站的任务规划器支持上百个三维航点的自主飞行设置，并且只需要通过鼠标在地图上点击操作就行。

(4) 基于强大的 MAVLink 协议，支持双向遥测和实时传输命令。

(5) 多种免费地面站可选，包括 Mission Planner、HK、GCS 等，还可以使用手机上的地面站软件。地面站中可实现任务规划、空中参数调整、视频显示、语音合成和查看飞行记录等。

(6) 可实现自动起飞、自动降落、航点航线飞行、自动返航等多种自驾仪性能。

(7) 完整支持 Xplane 和 Flight Gear 半硬件仿真。

3.5.2 硬件和软件的安装

1. 使用建议

对于初次使用 APM 自驾仪的用户来说，建议分步骤完成 APM 的入门使用：

(1) 首先安装地面站控制软件及驱动，熟悉地面站界面的各个菜单功能；

(2) 仅连接 USB，先学会固件的下载；

(3) 连接接收机和 USB 线完成 APM 的遥控校准、加速度校准和罗盘校准；

(4) 完成各类参数的设定；

(5) 组装飞机，完成各类安全检查后试飞；

(6) PID 参数调整；

(7) APM 各类高阶应用。

2．硬件安装

(1) 通过 USB 接口供电时，如果 USB 数据处于连接状态，APM 会切断数传接口的通信功能，所以不要同时使用数传和 USB 线连接调试 APM，USB 接口的优先级高于数传接口，仅有供电功能的 USB 线不在此限。

(2) APM 板载的加速度传感器受震动影响，会产生不必要的误差，直接影响飞控姿态的计算，条件允许的话请尽量使用一个减震平台来安装 APM 主板。

(3) APM 板载的高精度气压计对温度的变化非常敏感，所以请尽量在气压计上覆盖一块黑色海绵用来遮光，以避免阳光直射的室外飞行环境下，因光照热辐射对气压计产生影响。另外覆盖海绵，也可以避免飞行器自身气流对气压计的干扰。

3．地面站调试软件 Mission Planner 的安装

首先，Mission Planner 的安装运行需要微软的 Net Framework 4.0 组件，所以在安装 Mission Planner 之前请先下载 Net Flamework 4.0 并安装。

安装完 NetFramework 后，开始下载 Mission Planner 安装程序包，最新版本的 Mission Planner 可以登录 www.playuav.com 网站进行下载。下载页面中每个版本都提供了 MSI 版和 ZIP 版可供选择。MSI 为应用程序安装包版，安装过程中会同时安装 APM 的 USB 驱动程序，安装后插上 APM 的 USB 线即可使用。ZIP 版为绿色免安装版，解压缩即可使用，但是连接 APM 后需要手动安装 APM 的 USB 驱动程序，驱动程序在解压后的 Driver 文件夹中。具体使用哪个版本请自行决定，如果是第一次安装使用，建议下载 MSI 版。

以安装 MSI 版为例(注意：安装前请不要连接 APM 的 USB 线)，双击下载后的 MSI 文件，然后一步一步点击"Next"即可，只是安装过程中弹出设备驱动程序安装向导时，请点击"下一步"按钮继续，否则会跳过驱动程序的安装。如图 3-5 所示。

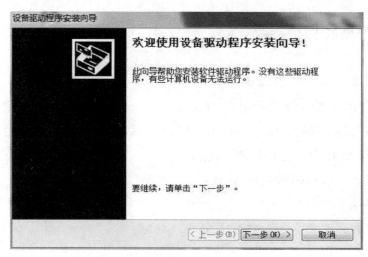

图 3-5 设备驱动安装向导

接着勾选"始终信任"，然后点击"安装"按钮，安装程序会自动安装相关的驱动程序。安装界面如图 3-6 所示。安装完设备驱动后，可通过设备管理界面查看端口，如图 3-7。

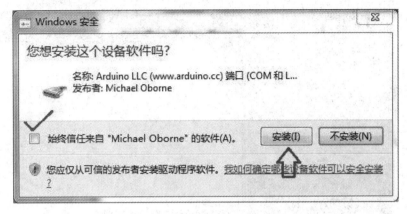

图 3-6　安装界面

图 3-7　设备管理界面

特别提醒，有些精简版 GHOST 系统和 64 位 Win7 系统因缺少相关文件会提示驱动不成功，请查阅使用 APM 使用手册包提供的相关补丁文件，一般使用手册包中关于无法安装驱动程序的解决办法，打上补丁后再重新检索安装驱动程序，看驱动程序是否成功安装。驱动程序成功安装的标志就是在设备管理器中能正确识别标识 Arduino Mega 2560 的端口号。

安装完 Mission Planner 后，安装程序一般不会在桌面创建一个快捷方式，所以请自行打开安装目录，选择 Ardupilot Mega Planner 10 文件并单击右键，选择发送一个快捷方式到桌面上，以方便日后使用。

3.5.3　相关参数的设置步骤

1. 认识 Misson Planner 的界面

安装完 Mission Planner 和驱动程序后，现在可以启动 Misson Planner 主程序了，启动后首先呈现的是一个多功能飞行数据仪表界面。如图 3-8 所示。

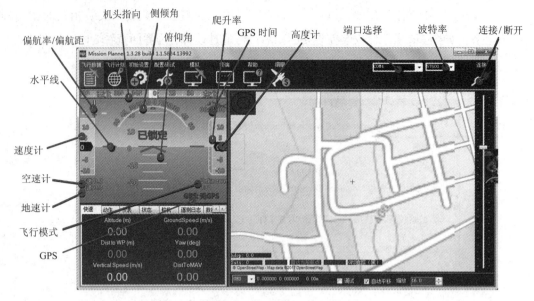

图 3-8　地面软件界面

新版 Misson Planner 已将大部分菜单汉化，非常贴合国情。主界面左上方为八个主菜单按钮，"飞行数据"显示窗口实时显示飞行姿态与数据；"飞行计划"是任务规划菜单；"初始设置"用于固件的安装与升级以及一些基本设置；"配置调试"包含了详尽的 PID 调节、参数调整等菜单；"模拟"是给 APM 刷入特定的模拟器固件后，将 APM 作为一个模拟器在电脑上模拟飞行使用；"终端"是一个类似 DOS 环境的命令行调试窗口，功能非常强大。主界面右上方是"端口选择"、"波特率"以及"连接/断开"按钮(connect/disconnect)，具体使用后续将有相关说明。

2. 固件安装

APM 拿到手后首先要做的就是给它刷入自己需要的固件，虽然卖家在销售前可能会已经刷入了固件，但是未必是符合要求的固件，所以学会刷新 APM 的固件是必修课之一。

固件安装前请先连接 APM 的 USB 线到电脑(其它的可不用连接)，确保电脑已经识别到 APM 的 COM 端口号后，打开 Mission Planner(以下简称 MP)，在 MP 主界面的右上方端口选择下拉框那里选择对应的 COM 口，一般正确识别的 COM 口都有 Arduino Mega 2560 标识，直接选择带这个标识的 COM 口，然后选择波特率为 115 200。注意：请不要点击连接(CONNECT)按钮，固件安装过程中程序会自行连接。如果之前已经连接了 APM，那么请点击断开(Disconnect)连接，否则固件安装过程中会弹出错误提示。端口选择如图 3-9 所示。另外请注意：请不要用无线数传安装固件，虽然无线数传跟 USB 有着同样的通信功能，但它缺少 reset 信号，无法在刷固件的过程中给 2560 复位，会导致安装失败。

选择标有Arduino Mega2560
的COM口

波特率选择
115200

如果显示 Disconect，
表示已经连接上，请
点击此处，断开连接

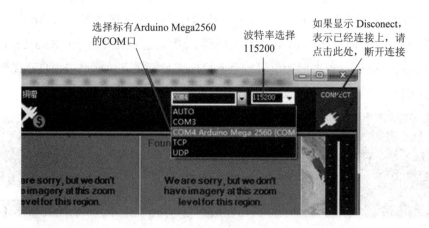

图 3-9　选择端口界面

接下来点击 Install Setup(初始设置)，MP 提供了两种方式升级安装固件，一种是 Install Firmware 手动模式，另外一种是 Wizard 向导模式，Wizard 向导模式会一步一步地以对话方式提示你选择对应的飞控板、飞行模式等参数，虽然比较人性化，但是这样做有个弊端：向导模式会在安装过程中检索端口，如果检索端口后，因电脑性能的差异，端口没有有效释放的话，后续的固件烧入会提示不成功。所以使用向导模式升级安装固件的话出错概率比较大，建议使用 Install Firmware 手动模式安装。

点击 Install Firmware，窗口右侧会自动从网络下载最新的固件并以图形化显示固件名称以及固件对应的飞机模式，只需要在对应飞机模式的图片上点击，MP 就会自动从网络上下载该固件，如图 3-10 所示。

① 点击初始设置进行
固件安装

③ 显示的是最新固件，选择
一个对应的所需要的固件

② 选择固件
安装方式，
选择 Install
Firmware
模式

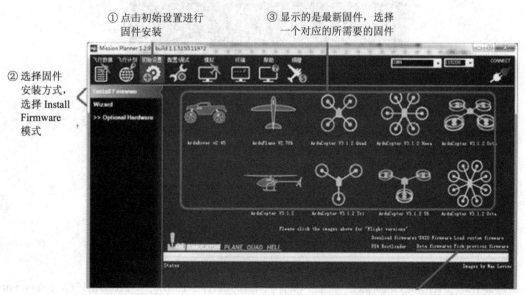

④ 如果选择一个历史版本，请单击这里

图 3-10　固件安装界面

然后自动完成连接 APM—写入程序—校验程序—断开连接等一系列动作，完全无需人工干预。如果想使用一个历史版本的固件，那么请点击右下角 Beta Firmware Pick Previous Firmware 处，点击后会出现一个下拉框，只要在下拉框里选择自己需要的固件就行了。3.1 版本以后的固件在安装完后都会先弹出一个警告提示框，如图 3-11 所示。

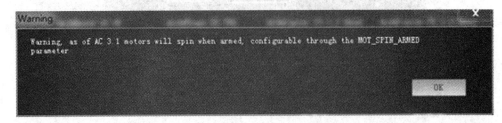

图 3-11　警告提示

警告提醒：这个版本的固件在解锁后，电机就会以怠速运行，如果关闭或者配置这个功能，请使用 MOT_SPIN_ARMED 参数进行配置，具体使用请看 APM 使用手册上的参数配置。

固件安装提示 Done 成功后，就可以点击右上角的 CONNECT 连接按钮连接 APM 并查看 APM 实时运行姿态与数据了。当一个全新的固件下载进 APM 板以后，首先需要做的是三件事：一是遥控输入校准，二是加速度校准，三是罗盘校准，如果这三件事不做，后续的解锁是不能进行的，MP 的姿态界面上也会不断弹出红色提示：PreArm：RC not calibrated(解锁准备：遥控器没有校准)。如图 3-12 所示。

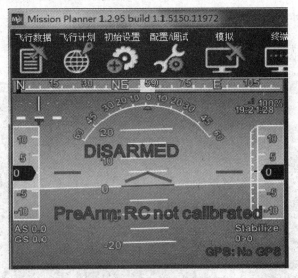

图 3-12　遥控器校准提示

PreArm：INS not calibrated(加速度没有校准)，如图 3-13 所示；PreArm：Compass not calibrated(罗盘没有校准)，如图 3-14 所示。

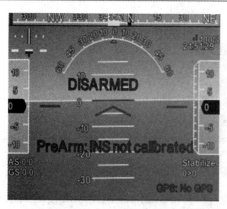

图 3-13　加速度校准提示

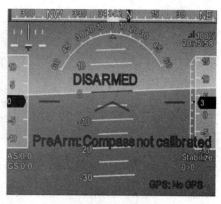

图 3-14　罗盘校准提示

3．遥控校准

首先进行遥控校准。遥控校准需要连接接收机，具体连接请查看 APM 连接安装图，连接好后连接 APM 的 USB 数据线(也可以通过数传进行连接)，然后打开遥控器发射端电源，运行 MP，按图 3-15 所示步骤进行校准。

① 选择好波特率与端口号；

② 点击 CONNECT 连接 APM；

③ 点击 Install Setup 进行初始设置；

④ 选择 Mandatory Hardware-Radio Calibrated 进行遥控校准；

⑤ 点击窗口右边的校准遥控按钮。

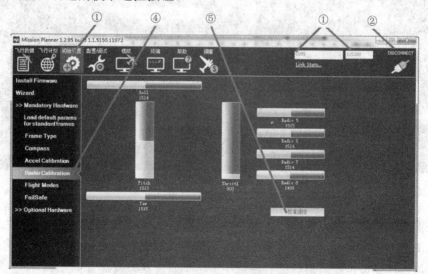

图 3-15　遥控器校准步骤

点击校准遥控后会依次弹出两个提醒：一是确认遥控发射端已经打开且接收机已经通电连接，二是确认电机是否通电(这一点非常重要，做这步工作的时候建议 APM 只连接 USB 和接收机两个设备)。如图 3-16 所示。

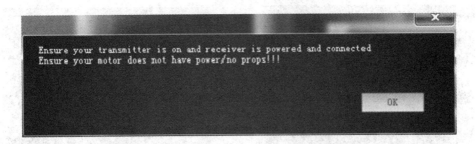

图 3-16　发射端打开和接收机通电提示框

然后点击"OK"按钮，开始拨动遥控开关，使每个通道的红色提示条移动到上下限的位置，如图 3-17 和图 3-18 所示。

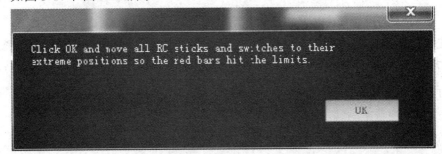

图 3-17　确认提示

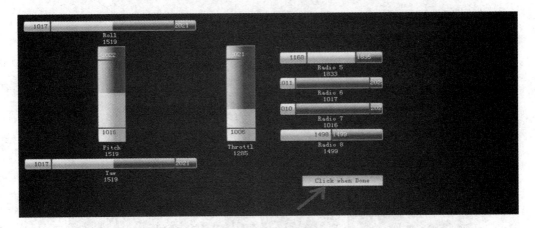

图 3-18　确认保存窗口

当每个通道的红色指示条移动到上下限位置的时候，点击 Click when Done 保存校准时，弹出两个 OK 窗口后完成遥控器的校准。如果拨动摇杆时上面的指示条没有变化，请检查接收机连接是否正确，另外同时检查一下每个通道是否对应。

4. 加速度校准

加速度的校准建议准备一个六面平整、边角整齐的方形硬纸盒或者塑料盒，我们将以它作为 APM 校准时的水平垂直姿态参考物，另外还需要一块水平的桌面或者地面。

首先用双面泡沫胶或者螺丝将 APM 主板正面向上固定于方形盒子上，如图 3-19 所示。

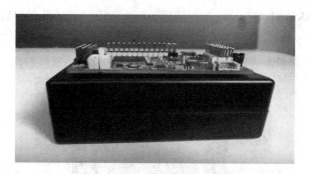

图 3-19　APM 主板正面向上放置图

然后连接 APM 与电脑，打开 MP 并单击 CONNECT，再点击 Install Setup 下的 Mandatory Hardware 菜单，选择 Accel Calibrad(加速度计校准)，点击右边的"校准加速度计"按钮开始加速度计的校准，如图 3-20 所示。

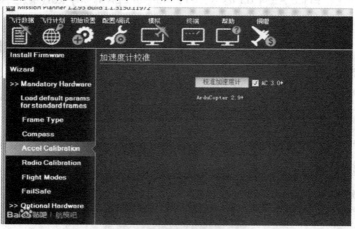

图 3-20　加速度计校准窗口

点击"校准加速度计"按钮后会弹出 Place APM level and press any key(请把 APM 水平放置然后按任意键继续)提示框。此时请把 APM 按图 3-21 所示水平放置，然后点击电脑键盘上的任意键继续，这是加速度计校准的第一个动作，后面的动作都按此方法进行。

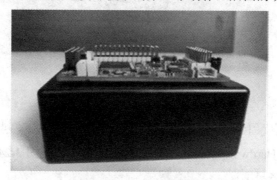

图 3-21　APM 水平放置图

完成第一个水平校准动作后按任意键继续，此时就会出现第二个动作的提示：Place APM on its LEFT side and press any key(请把 APM 左边向上垂直立起然后按任意键继续)，此时请按图 3-22 所示放置 APM，注意 APM 板上的箭头(机头)指向，后面的校准动作都将以此来辨别 APM 的前后左右，放好后，在电脑键盘上按任意键继续。

图 3-22　APM 左边垂直放置

第三个动作是：Place APM on its RIGHT side and press any key(请把 APM 右边向上垂直立起然后按任意键继续)。

第四个动作是：Place APM nose DOWN and press any key(请把 APM 机头向下垂直立起然后按任意键继续)。

第五个动作是：Place APM nose UP and press any key(请把 APM 机头向上垂直立起然后按任意键继续)，如图 3-23 所示。

最后一个动作是：Place APM on its BACK and press any key(请把 APM 背部向上水平放置然后按任意键继续)。

当跳出 Calibration successful(校准成功)后，进行下一步的罗盘校准。

图 3-23　机头向上垂直立起

5. 罗盘校准

1) 内置罗盘校准

罗盘校准的页面也跟上面的加速度校准一样在同一个菜单下，点击 Install Setup(初始设置)下的 Mandatory Hardware 菜单，选择 Compass 菜单，按图 3-24 勾选对应的设置以后点击 Live Calibrad(现场校准)。

选择Enable启用罗盘　　选择使用自动磁偏角　　点击此处通过网页查询所在地的
　　　　　　　　　　　　　　　　　　　　　　磁偏角，手动输入Degrees和Minutes

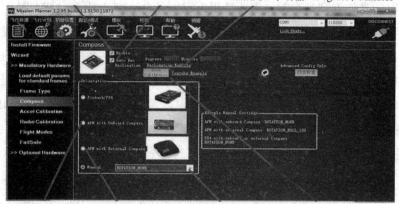

内置罗盘　　　　外置罗盘　　外置罗盘安装方向的选择　　选好后点击校正按钮

图 3-24　罗盘校正界面

点击 Live Calibrad 以后会弹出一个提醒菜单(如图 3-25 所示)：请在 60 秒内转动 APM，每个轴至少转一次，即俯仰 360° 一次，横滚 360° 一次，水平原地自转 360° 一次，如果上面加速度校准的那个方盒子还没有拆除，那么就是每个面对着地面放一次，每个面自转 360° 一次；如果是外置罗盘，请转动外置罗盘。

图 3-25　提醒菜单

在转的过程中，系统会不断记录罗盘传感器采集的数据，Samples 数据量不断累加，如果 Samples 数据没有变化，请检查罗盘是否已经正确连接，60 秒以后会弹出一个数据确认菜单(如图 3-26 所示)，点击"OK"保存，完成罗盘的校准。

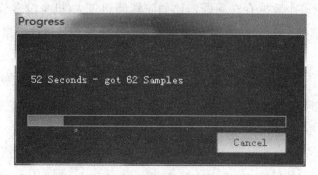

图 3-26　数据确认界面

2) 外置罗盘的选择

如果使用的是外置罗盘，首先需要禁用内置罗盘，V2.5.2 版本 APM 禁用内置罗盘的方法是断开罗盘芯片边上的一个预设焊盘焊点，V2.8.0 版本的 APM 只需要拔掉板上标记为 MAG 的跳线帽即可。在校准过程中，如果外置罗盘是芯片字符向下安装的，则需要在 Rotation 下拉框中选择 Rotation_Roll_180，意思就是罗盘芯片横滚了 180° 安装，机头方向不变。如果还想自定义外置罗盘的机头指向，可以选择 Rotation_Yaw_45(机头偏转 45°)，Rotation_Pitch_180(俯仰翻转 180° 安装，机头机尾调换)，其它选择请自行类推。

6. 解锁需知

当完成遥控校准、加速度校准和罗盘校准后，就可以开始尝试解锁了(进行这一步无需连接电机，只要连接 MP 或者查看 LED 是否成功解锁就行)。APM 的解锁动作是以检测到第三通道最低值和第四通道最高值为标准的，即油门最低，方向最右。所以无论是左手油门还是右手油门，只要操作摇杆使油门最低，方向摇杆最右(PWM 值最大)即可执行 APM 的解锁动作。当 APM 收到解锁信号后，APM 会先自检，红灯开始闪烁，自检通过，解锁成功，红灯常亮(地面站中红色 DISARMED 会变成 ARMED)，表示解锁成功。此过程会持续 5 秒，所以解锁时请保持油门最低、方向最大的动作 5 秒以上。

需要注意的是，APM 解锁以后，如果 15 秒内没有任何操作，它会自动上锁。手动上锁的方法是：油门最低，方向最左(PWM 最低)。

(1) 关闭解锁怠速功能：如果已经连接了电机电池进行解锁，3.1 版之后的固件在解锁后电机就会怠速运转起来，以此提醒 APM 此时已处于工作状态，请注意安全。这个功能的安全意义非常大，但如果不想使用这个功能，也可以关闭这个功能。关闭方法是：连接 MP 与 APM，点击 Config/Tuning(配置调试)菜单，选择 Full Parameter List，在所有的参数表格中找到 MOT_SPIN_ARMED 参数，将它的值改为 0 即可关闭解锁怠速功能，默认是 70，改完以后不要忘了点击窗口右边写入参数按钮进行保存。

(2) 跳过自检解锁：APM 的解锁有一项安全机制，它会先检查陀螺、遥控、气压、罗盘数据，如果其中一个数据存在问题，比如陀螺倾斜过大(机身没有放平)，气压数据异常，APM 就不能解锁，红色 LED 快闪发出警告。如果不想使用这个自检功能，也可以设置跳过此功能。

(3) 自检解锁：连接 MP 与 APM，点击 Config/Tuning(配置调试)菜单，选择 Full Parameter List，在所有的参数表格中找到 ARMING_Check 参数，将它的值改为 0 即可关闭解锁检查功能，默认是 1。一般情况下请不要关闭这个功能。

需要注意的是，APM 只有处于 Stabilize、Acro、AltHold、Loiter 这几种模式时才能解锁，如果不能解锁，请检查飞行模式是否正确，一般情况下建议从 Stabilize 模式解锁。

7. 飞行模式配置

在实际飞行当中，APM 的功能切换是通过切换飞行模式实现的，APM 有多种飞行模式可供选择，但一般一次只能设置六种，加上 CH7、CH8 的辅助，最多也就八种。为此，需要遥控器其中一个通道支持可切换六段 PWM 值输出，一般以第五通道作为模式切换控制通道(固定翼是第八通道)，当第五通道输入的 PWM 值分别在 0～1230、1231～1360、1361～1490、1491～1620、1621～1749、1750+这六个区间时，每个区间的值就可以开起一个对应的飞行模式。推荐的六个 PWM 值是 1165、1295、1425、1555、1685、1815 ns。如果选用的遥控具备这个功能，就可以按下文配置 APM 飞行模式了，如果不具备此功能，建议参考相关资料中关于遥控改六段输出的相关知识。

配置飞行模式前同样需要连接 MP 与 APM，点击 Config/Tuning(配置调试)菜单，选择 Flight Modes，就会弹出如图 3-27 所示的飞行模式配置界面。

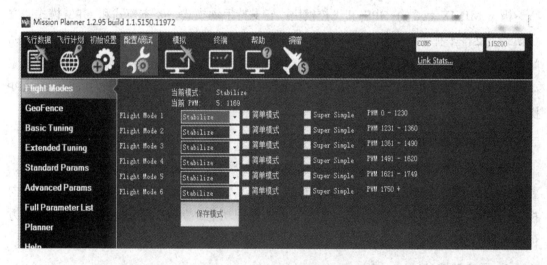

图 3-27　配置飞行模式界面

配置界面中，六个飞行模式对应的 PWM 值、是否开启简单模式、Super Simile 模式等都一目了然，模式的选择只需要在下拉框中选择即可。出于安全考虑，一般建议将 0～1230 设置为 RTL(返航模式)，其它 5 个请根据自己的遥控习惯自行配置，但有一个原则，就是要保证模式切换开关随时能切换到 Stabilize(自稳)模式上。选择好六个模式以后请点击保存模式进行保存。

以上所有的设置都是针对 DIY 的开源无人机需要完成的。对于购买的一体机，所有的设置在工厂里已经进行过调试，只需要阅读说明书，给电池充电后，就可以完成无人机的起飞。只是这种无人机不能"进化"——无法更换遥控器或者使用载荷。另外，必须准备和原件一模一样的零件作为备用。

3.6 常见飞控介绍

1. 极翼 P2

极翼 P2 包括 1 个 GPS，1 个飞控，1 个电源指示灯；它支持 800 mm 轴距以内的四旋翼×字型、十字型，六旋翼×字型、十字型，六旋翼正 Y 字型、反 Y 字型的机型；它支持 490 Hz 以下 PWN 电调类型；接收机支持 PPM、S-BUS 和普通 PWN 类型；它支持的飞行模式有姿态模式、GPS 模式、无头模式，支持一键返航；具有失控保护功能、运动模式切换(飞行手感不同)功能；具有内置失控悬停和返航、低电压报警等保护功能。

2. 极飞 MINIX

极飞 MINIX 包含有 GPS 和飞控模块；它支持手动模式、姿态模式和 GPS 模式；安全模式下支持多种选项，如失控返航、一键返航、自动降落；它的遥控器要求 Futaba 品牌；它内置黑匣子记录飞行数据；支持智能低电压保护；它内置调参软件，无需安装驱动和软件，但调参校准较为复杂；它支持数字地面通信和控制模块，兼容安卓平板 APP操作。

3. 深圳大疆 Naza-MLite

深圳大疆 Naza-MLite 包含飞控主模块、GPS 模块、多功能模块；它支持手动模式、姿态模式和 GPS 模式；支持失控保护模式下的自动下降或自动返航降落；支持智能方向控制(航向锁定)；支持云台功能；具有低电压保护功能。另外该款飞控调参较为简单方便，多用于四轴与六轴，支持二轴云台。

4. 零度智控 X4

零度智控 X4 支持自动起飞与自动返航降落功能、手动模式、姿态模式和 GPS 模式；内置有黑匣子记录飞行数据；支持失控返航功能、智能航向锁定，内置增稳云台，具有断桨保护功能(六轴以上功能)；支持 WiFi 扩展功能，支持手机 APP 或 PC 地面站；具有语音播报功能以及低电压震动提醒(手机端)功能；属于专业级别的飞控系统，官网下载的驱动有时无法连接调参软件，需找客服解决；调试校准较为简单。

5. 零度智控 S4

零度智控 S4 包含主控制器、GPS、LED 指示灯和电源模块；它支持手动停稳、手动定高、自动悬停、返航降落、失控返航功能或失控自动悬停功能；它支持云台功能。该飞控属于入门玩家级别的飞控。

6．APM

APM 包含主控模块和 GPS 模块；支持稳定模式、定高模式、悬停模式、简单模式、返航模式、自动模式；具有失控保护功能；属于开源飞控，可以扩展多种功能，可支持数传。

7．MWC

MWC 包括飞控主模块、GPS 模块；支持 GPS 飞行模式、姿态飞行模式、手动飞行模式；它支持安全模式返航功能，支持云台和数传功能；此飞控是大多数 DIY 玩家的选择，属于开源飞控，可以扩展很多功能，可支持数传。

8．QQ 飞控

QQ 飞控支持最基础的飞行功能，有自稳功能；它适合刚接触飞控的航模爱好者，学习飞控相关知识，练习飞行技术。

9．CC3D

CC3D 支持基础飞行、手动飞行，可实现自稳功能；它属于开源飞控，属于入门级的飞控。

10．大飞鲨 SharkX8

大飞鲨 SharkX8 支持姿态、高度、GPS、返航、失控返航 6 种飞行功能；它也支持一键返航、失控保护和低电压保护等功能。大飞鲨 SharkX8 使用方便，调参校准简单。

关于比较热门的多旋翼机型和公司，可参考本书附录 I。

无人机使用相关知识

第 4 章

本章学习目标

➤ 了解电池及燃油的安全使用规则。

➤ 掌握基本消防常识，掌握日常安全防护知识。

➤ 了解无人机使用的相关法律法规。

4.1 相关安全知识

为了有效预防各种常见危害，防止事故发生，保护环境，下面简要介绍无人机使用的一些安全常识。一旦有事故发生，能迅速有效地采取相应的应急救援措施，最大限度避免和减少事故对人员生命和财产的损害。

4.1.1 易燃易爆管理

1．蓄电池安全使用规则

1）蓄电池的安装、使用规则

(1) 蓄电池使用前，请先检查外包装箱有无异常，然后开箱检查蓄电池的外观。

(2) 请勿在密闭空间或有火源的场合使用蓄电池。

(3) 请勿用乙烯薄膜类有可能引发静电的塑料遮盖电池，产生的静电有引起电池爆炸的危险。

(4) 请勿在过低或过高的温度环境下使用电池。

(5) 请勿在有可能浸水的场合安装、使用蓄电池。

(6) 安装搬运电池过程中，请勿在端子处用力。

(7) 在多只电池串联使用时，按电池标识"+""−"极性依次排列，电池之间的距离不能过小，具体间距应参考厂家说明。

(8) 在电池连接过程中，请戴好防护手套，使用扭矩扳手等金属工具时，请将金属工具进行绝缘包装，绝对避免扭矩扳手等金属工具两端同时接触到电池正、负端子，造成电池短路伤人。

(9) 安装接插式端子的蓄电池(FP 型号)时，请不要改变端子的形状或位置。安装螺栓拧紧式蓄电池时，请用随电池配件附带的螺栓、螺母和垫圈，紧固连接线时，需按说明书规定的扭矩紧固。

(10) 与外接设备连接之前，使设备处于断开状态，并再次检查蓄电池的连接极性是否正确，然后再将蓄电池(组)的正极连接到设备的正极，蓄电池(组)的负极连接到设备的负极，并紧固好连接线。

(11) 按产品要求提供相应的充电电压。

2) 例行维护

定期对运行蓄电池进行如下检查或操作：(检查期限请参考厂家说明)

(1) 电池组总电压。

(2) 单体电池电压。

(3) 环境温度及电池表面温度。

(4) 电池组各部位连接线紧固状态，如有松动，对其紧固。

(5) 电池外观有无异常。

(6) 电池端子连接线部位是否清洁。

(7) 厂家规定的其他检查事项。

3) 使用注意事项

(1) 切勿拆卸、改造电池。

(2) 切勿将蓄电池投入水中或火中。

(3) 连接电池组过程中，请戴好绝缘手套。

(4) 切勿在儿童能够触碰到的地方安装使用或保管蓄电池。

(5) 切勿将不同品牌、不同容量、不同电压以及新旧不同的电池串联混用。

(6) 电池内有硫酸，如电池受损，硫酸溅到皮肤、衣服甚至眼睛中时，请立即用大量清水清洗或去医院治疗。

(7) 厂家规定的其他注意事项。

2．锂电池的使用规则

1) 电池搁置、存储环境和存储时间的注意事项

(1) 电池应该存储在阴凉干燥的环境中，存储温度参考厂家说明。

(2) 搁置或存放的电池应定期进行检查和补充充电，期限请参考厂家说明。

(3) 电池应该开路状态搁置，电池不用时应该从机器上取下来，以防止电池长时间处于放电状态而引起损坏。

2) 电池对应配置及充电说明

(1) 请使用专用配套锂电池充电器，否则有可能充不进电或充不满电及损坏电池，严重者有可能造成事故。

(2) 充电时，应该在厂家指定的环境温度下进行，否则可能充不满额定电量。

(3) 充满电的电池，应从充电器上取下，以免过充，缩短电池寿命，降低性能。

(4) 锂电池不能过充以及短路等，因此电池和充电器在保护功能方面一定要具备过充、过放、短路等保护功能。

(5) 遵循厂家规定的其他说明。

3) 安全事项

(1) 切勿将电池存储在潮湿、高温的地方。

(2) 切勿将电池放置在火中，以免引起爆炸。

(3) 切勿将电池端子短路或电池反充电。

(4) 切勿拆开电池外壳。

(5) 切勿在危险的环境下进行电池安装。

(6) 如果使用者手湿，切勿触摸电池。

(7) 切勿使用诸如苯或者香蕉水等溶剂清洁电池。

(8) 当电池出现噪声、温度异常或者漏液时，请停止使用。

(9) 不要挤压、撞击电池，否则电池会发热或起火。

(10) 禁止过充电。

(11) 禁止过放电。

(12) 禁止正负极短路。

(13) 使用指定充电器充电。

(14) 厂家规定的其他注意事项。

3. 易燃材料的防护

易燃材料指燃点低于 54.4℃ 的任何材料，例如各种酮类材料、酒精类、石脑油、各种漆类材料和稀释剂、汽油、煤油、干燥剂、各种清洗液和其他挥发性溶剂等。

(1) 在现场使用的易燃材料，只能存放在一个合格的、不渗漏的有盖容器内，除有专门规定外，不准使用易燃材料的混合液。

(2) 使用易燃材料应远离明火、火花、电器开关及其他火源。使用易燃材料的房间或区域严禁吸烟，并使用防爆电气设备，工作人员不得穿着化学纤维的衣服和使用化纤材料的抹布，衣袋中不要装打火机。

(3) 使用易燃材料的场所，应有良好的通风设施，必要时，工作人员应戴口罩或防毒面具。使用有毒性材料时应避免直接接触皮肤(戴防护手套或使用其他防护材料)。

(4) 由于接触易燃材料而引起病态反应时，应立即脱去被污染的衣服，玷污的地板设备应用水冲洗，受影响的人员要转移到新鲜空气中去或立即请医生治疗。

4.1.2 消防常识

1. 灭火要求

1) 火的种类与灭火剂的选择

(1) A 类火。由普通燃烧物，例如木材、布、纸、装饰材料等燃烧引起的火，称为 A 类火。A 类火最好用水或水类灭火剂扑火。

(2) B 类火。由易燃石油产品或其他易燃液体、润滑油、溶剂、油漆等燃烧引起的火，称为 B 类火。B 类火宜用二氧化碳、卤代烷或化学干粉灭火剂扑火。不能用水灭火剂，水灭火剂不但无效，而且易使火焰扩散。

(3) C 类火。通电的电气设备燃烧引起的火，称为 C 类火。C 类火最好用二氧化碳灭火剂扑灭。

2) 灭火剂使用注意事项

(1) 灭火前应尽快关断电源。

(2) 应使用灭火剂对准火焰根部喷射。

(3) 要注意不要吸入灭火时产生的气体，因为有些灭火剂遇热能分解出有毒气体。进入火区时，要从上风方向或火头低的方向顺风进入。

(4) 灭火时，一开始就全开灭火器，火焰熄灭后，要继续喷射一些灭火剂，以防重新燃烧。

(5) 在发动机上只有紧急时采用泡沫灭火剂灭火，但在使用泡沫灭火剂后，需及时清洗发动机。

2. 防火要求

(1) 当环境中散发大量易燃气体时，禁止使用明火和进行产生火花的工作，且所用电器装置必须是防爆式的。

(2) 严格管理废油料。禁止在机库、厂房、工作房内及其排水沟内洒泼废油料，禁止乱扔和堆积油抹布、棉纱团等易燃物。

3. 人体着火时的应急措施

当人体意外着火时，受害人应尽可能屏住呼吸，尽快撤离火区，撤离时不要惊慌奔跑。受害人可在地上打滚，或用水喷灭火。施救受害人时，可使用干粉灭火器、泡沫灭火瓶或高压龙头灭火，应将灭火器对准受害人的身体中部进行喷射，受害人用手捂住脸，以防受伤。明火扑灭后应立即将受伤人员送往医院救治。

4.1.3 雷达波防护

若无人机上装备了机载雷达，应注意以下事项：

(1) 在下列情况下禁止打开雷达：在 30 m 内有飞行器在加或放燃油；在天线 15 m 内有人；无天线的区域；前方 90 m 以内有金属障碍物(如其他飞行器、汽车或者大的金属物体)。

(2) 当雷达处于发射状态时，禁止人员站在旋转的雷达天线前面和附近(距雷达天线 15 m 内的地方)。

(3) 雷达的校正工作只能在规定的电子调试区进行。调试时必须有防止电击的预防措施，在雷达部件上工作前，一定要用工具(如接地卡子和高压绝缘探头)释放高压电。

4.1.4 眼睛防护

在下列情境中，应采取眼睛防护措施，如佩戴防护眼镜：

(1) 用软金属工具进行敲击时要佩戴防护眼镜。

(2) 在进行切割工作时会甩出碎屑，要求直接操作者及周围的工作人员都要佩戴防护眼镜。

(3) 在酸、碱喷洗和用其他有害液体或化学药品进行作业时，要带上面罩。

(4) 在强烈阳光照射的机体表面或雪地条件下工作时，需佩戴适当色泽的护目镜。

4.1.5 发动机危险区域及安全通道

发动机在地面试车运行时，有三种危险区域，人员在工作时要注意遵守安全规范。危险区域为：进气道危险区、排气危险区、噪声危险区。进气道危险区会将人、地面污染物吸入发动机内(这里通常指较大型的无人机进气道区)；排气区具有高速、高温、气体污染的特点，此危险区会对人和设备造成危害；在噪声危险区长时间停留会对人的听力造成损害，所以应佩戴防护装备，如耳塞、耳罩等。

发动机危险区域的范围和发动机的推力有关，推力越大，危险区域范围越大。具体情况请参考各机型的相关手册。试车时，有一些区域是安全的，称为安全通道，即试车时接近发动机的通道(从进、排气危险区以外的区域接近)。当发动机使用定推力(起飞推力)时，可参考手册了解安全通道；当发动机使用反推力时，进气道危险区域加大，发动机没有安全通道。

💡 提示：

(1) 若长期停放在地面的无人机发生非正常滑动，发现人员应首先立即大声通知周围人员，避开危险。工作人员应立即将无人机滑动路线上的地面设备以及其他工具撤离，若无人机体积较大，工作人员可分两组从无人机滑行路线侧面接近起落架，实施挡轮档。挡轮档是民航专用术语，飞机轮档是常用的地面安全设备，当飞机正常停放时，通常是利用轮档阻挡飞机意外移动，以避免引发航空地面事故。飞机撤掉轮档后，即可启动发动机而滑行。注意挡轮档的动作及姿势，一定要确保能及时脱离危险区域。

(2) 飞行时，飞行路线要避开飞机场附近和军事飞行路线。要尽量避免在人多的地方低空飞行，因为飞行器上有高速旋转的机桨，如果失控坠落的话可能造成人员受伤。同时，也要避开高压电线、高大建筑物等区域，避免事故发生。

(3) 务必按规定进行安全检查，对于老化的电动机、电池等要及时更换。

4.2 无人机相关法律法规

无人机操控人员需要了解相关法律法规，这些法律法规有《中华人民共和国劳动法》《中华人民共和国保密法》《民用无人驾驶航空器系统空中交通管理办法》《关于民用无人机管理有关问题的暂行规定》《中华人民共和国飞行基本规则》《中华人民共和国民用航空法》《中华人民共和国民用航空安全保卫条例》《无人机航摄安全作业基本要求》《民用无人驾驶航空器系统驾驶员管理暂行规定》等。

下面根据 2016 年 6 月民航局颁布的《民用无人驾驶航空器系统空中交通管理办法》、2017 年 5 月民航局颁布的《民用无人驾驶航空器实名制登记管理规定》、2013 年 11 月民航局颁布的《民用无人驾驶航空器系统驾驶员管理暂行规定》等内容重点介绍一些相关法律法规。

4.2.1 空中交通管理

1. 管理办法的适用范围

《民用无人驾驶航空器系统空中交通管理办法》适用范围如下：

(1) 适用于依法在航路航线、进近(终端)和机场管制地带等民用航空使用空域范围内或者对以上空域内运行存在影响的民用无人驾驶航空器系统活动的空中交通管理工作。

(2) 民航局指导监督全国民用无人驾驶航空器系统空中交通管理工作，地区管理局负责本辖区内民用无人驾驶航空器系统空中交通服务的监督和管理工作。空管单位向其管制空域内的民用无人驾驶航空器系统提供空中交通服务。

(3) 民用无人驾驶航空器在隔离空域内飞行，由组织单位和个人负责实施，并对其安全负责。多个主体同时在同一空域范围内开展民用无人驾驶航空器飞行活动的，应当明确一个活动组织者，并对隔离空域内民用无人驾驶航空器飞行活动安全负责。

2. 飞行活动需满足的条件

(1) 机场净空保护区以外；

(2) 民用无人驾驶航空器最大起飞重量小于或等于 7 千克；

(3) 在视距内飞行，且天气条件不影响持续可见无人驾驶航空器；

(4) 在昼间飞行；

(5) 飞行速度不大于 120 千米/小时；

(6) 民用无人驾驶航空器符合适航管理相关要求；

(7) 驾驶员符合相关资质要求；

(8) 在进行飞行前驾驶员完成对民用无人驾驶航空器系统的检查；

(9) 不得对飞行活动以外的其他方面造成影响，包括地面人员、设施、环境安全和社会治安等；

(10) 运营人应确保其飞行活动持续符合以上条件。

3. 评估管理

民用无人驾驶航空器系统飞行活动需要评审时，由运营人员向空管单位提出使用空域，对空域内的运行安全进行评估并形成评估报告。地区管理局对评估报告进行审查或评审，出具结论意见。对于需评估的内容，可参照《民用无人驾驶航空器系统空中交通管理办法》全文。

4. 无线电管理

(1) 民用无人驾驶航空器系统活动中使用无线电频率、无线电设备应当遵守国家无线电管理法规和规定，且不得对航空无线电频率造成有害干扰。

(2) 未经批准，不得在民用无人驾驶航空器上发射语音广播通信信号。

(3) 使用民用无人驾驶航空器系统应当遵守国家有关部门发布的无线电管制命令。

4.2.2　实名登记管理

1．适用范围

《民用无人驾驶航空器实名制登记管理规定》适用于在中华人民共和国境内最大起飞重量为 250 克以上(含 250 克)的民用无人机。

2．登记要求

自 2017 年 6 月 1 日起，民用无人机的拥有者必须按照本管理规定的要求进行实名登记。2017 年 8 月 31 日后，民用无人机拥有者，如果未按照本管理规定实施实名登记和粘贴登记标志的，其行为将被视为违反法规的非法行为，其无人机的使用将受影响，监管及主管部门将按照相关规定进行处罚。

3．相关定义

(1) 民用无人机是指没有机载驾驶员操纵、自备飞行控制系统，并从事非军事、警察和海关飞行任务的航空器，不包括航空模型、无人驾驶自由气球和系留气球。

(2) 民用无人机拥有者指民用无人机的所有权人，包括个人、依据中华人民共和国法律设立的企业法人/事业法人/机关法人和其它组织。

(3) 民用无人机最大起飞重量是指根据无人机的设计或运行限制，无人机能够起飞时所容许的最大重量。

(4) 民用无人机空机重量是无人机制造厂给出的无人机基本重量。除商载外，该无人机做好执行飞行任务时的全部重量，包含标配电池重量和最大燃油重量。

4．民用无人机实名登记要求

对于这部分内容可以登录 https://uas.caac.gov.cn 网站进行深入了解。

4.2.3　驾驶人员的资质管理

1．适用范围

以下规范适用于民用无人机系统驾驶人员的资质管理，包括无机载驾驶人员的航空器，有机载驾驶人员的航空器，但该航空器可由地面人员或母机人员实施完全飞行控制，以及其他特定情况控制。

2．相关术语

(1) 无人机系统驾驶员：指对无人机的运行负有必不可少的职责并在飞行期间适时操纵飞行控制的人。

(2) 无人机系统的机长：指在系统运行时间内负责整个无人机系统运行和安全的驾驶员。

(3) 无人机观测员：指通过目视观测无人机，协助无人机驾驶员安全实施飞行的工作人员。

(4) 遥控器(也称控制站)：是无人机系统的组成部分之一，包括用于操作无人机的设备。

(5) 指令与控制数据链路(Command and Control Data Link，也简称 C2)：指无人机和遥控站之间实现飞行管理的数据链接。

(6) 无人机感知与避让系统：指无人机机载安装的一种设备，用以确保无人机与其他航空器保持一定的安全飞行间隔，相当于载人航空器的防撞系统。在融合空域内飞行，必须采用该系统。

(7) 视距内运行(Visual Line of Sight，VLOS)：指无人机在目视视距以内的操作，航空器处于驾驶员或观测员目视视距内半径 500 m、相对高度低于 120 m 的区域内。

(8) 超视距运行(Extend VLOS，EVLOS)：指无人机在目视视距以外的运行。

(9) 融合空域：指有其他有人驾驶航空器同时运行的空域。

(10) 隔离空域：指专门分配给无人机系统运行的空域，通过限制其他航空器的进入以规避碰撞风险。

(11) 人口稠密区：指城镇、乡村、繁忙道路或大型露天集会场所。

(12) 微型无人机：指空机质量小于等于 7 kg 的无人机。

(13) 轻型无人机：指空机质量大于 7 kg，但小于等于 116 kg 的无人机，且全马力平飞中，校正空速小于 100 km/h，升限小于 3000 m。

(14) 小型无人机：指空机质量小于等于 5700 kg 的无人机，微型和轻型无人机除外。

(15) 大型无人机：指空机质量大于 5700 kg 的无人机。

3．管理机构

• 下列情况下，无人机系统驾驶员自行负责无人机的运行，无需证照管理：

(1) 在室内运行的无人机。

(2) 在视距内运行的微型无人机。

(3) 在人烟稀少、空旷的非人口稠密区进行试验的无人机。

• 下列情况下，无人机系统驾驶员由行业协会实施管理：

(1) 在视距内运行的除微型机以外的无人机。

(2) 在隔离空域内超视距运行的无人机。

(3) 在融合空域内运行的微型无人机。

(4) 在融合空域运行的轻型无人机。

(5) 充气体积在 4600 m^3 以下的遥控飞艇。

- 下列情况下，无人机系统驾驶员由民航局实施管理：

(1) 在融合空域运行的小型无人机。

(2) 在融合空域运行的大型无人机。

(3) 充气体积在 4600 m^3 以上的遥控飞艇。

4．运行要求

- 常规要求(下面的操作限制适用于所有的无人机系统驾驶员)：

(1) 每次运行必须事先指定机长和其他机组成员。

(2) 驾驶员是无人机系统运行的直接负责人，并对该系统操作有最终决定权。

(3) 驾驶员在无人机飞行期间，不能同时承担其他操作人员的职责。

(4) 未经批准，驾驶员不得操纵除微型机以外的无人机在人口稠密区作业。

(5) 禁止驾驶员在人口稠密区操纵带有试飞或试验性质的无人机。

- 运行中对机长的要求：

(1) 在飞行作业前必须已经被无人机系统使用单位指定。

(2) 对无人机系统在规定的技术条件下的作业负责。

(3) 对无人机系统是否作业在安全的飞行条件下负责。

(4) 当出现可能导致危险的情况时，必须尽快确保无人机系统安全回收。

(5) 在飞行作业的任何阶段有能力承担驾驶员的角色。

(6) 在满足操作要求的前提下可根据需要转换职责角色。

(7) 对具体无人机系统型号，飞行人员必须经过培训达到资格方可进行飞行。

- 运行中对其他驾驶员的要求：

(1) 在飞行作业前必须已经被使用单位指定。

(2) 在机长的指挥下对无人机系统进行监控或操纵。

(3) 协助机长：避免碰撞风险；确保运行符合规则；获取飞行信息；进行应急操作。

第5章 飞行前的准备

➤ 能够根据地形特征，正确判断和描述起降和执行任务空间的地形地貌。

➤ 能够说明地形特征参数，例如平原的长、宽、面积和走向，以及山或丘陵的高度等，确保完成任务。

➤ 能够测量和收集起降场地和作业区的气象信息。

➤ 掌握航路规划的方法。

➤ 掌握地面站设备的使用方法。

5.1 信息准备

5.1.1 起飞场地的选取

对于无人驾驶固定翼飞机，起飞跑道(起飞场地)是必不可少的，因此选取能满足无人机起飞要求的跑道非常重要。选取起飞场地主要考虑五个方面的因素：起飞跑道的朝向、长度、宽度、平整度及周围障碍物。不同种类和型号的飞机对这五个方面的要求不同。重型固定翼飞机抗风性能强，要求起飞跑道的朝向不一定是正风，但是要求起飞跑道较长；大型无人机由于本身体积因素，要求起飞跑道更宽；当然，对于所有固定翼飞机，要求起飞跑道尽量平整，起飞跑道尽头不得有障碍物，跑道两侧尽量不要有高大建筑物或树木。对于多旋翼无人机来说，其垂直起降，对场地的要求只要空旷即可。

根据不同飞机对起飞场地的要求，应有目的地进行实地勘察。当某一处场地的起飞跑道不能满足要求时，应在附近再次勘察。实在没有找到符合要求的场地时，应向上一级工程师报告，等待进一步的指导。

起飞场地清整内容包括：起飞跑道上较大石块、树枝及杂物的清除；用铁锹铲土填平跑道上的坑洼；用石灰粉、画线工具在地上画起跑线和跑道宽度线，保证具有适合该机型起飞的跑道宽度。

无人机起飞区域必须绝对安全，国家对空域是有限开放的。对于常规作业，根据无人机的起降方式，寻找并选取适合的起降场地。起降场地应满足以下要求：

(1) 距离军用、商用机场须在 10 km 以上；

(2) 起降场地相对平坦、通视良好；

(3) 远离人口密集区，半径 200 m 范围内不能有高压线、高大建筑物、重要设施等；

(4) 起降场地地面应无明显凸起的岩石块、土坎、树桩，也无水塘、大沟渠等；

(5) 附近应该没有正在使用的雷达站、微波中继、无线通信等干扰源，在不能确定的情况下，应测试信号的频率和强度，如对系统设备有干扰，须改变起降场地；

(6) 无人机采用滑跑起飞、滑行降落的，滑跑路面条件应满足其性能指标要求。

对于应急作业，比如灾害调查与监测等应急性质的航摄作业，在保证飞行安全的前提下，对起降场地的要求可适当放宽。

5.1.2 气象情报的采集

气象是指发生在天空中的风、云、雨、雪、霜、露、闪电、打雷等一切大气的物理现象，每种现象都会对飞行产生一定影响。其中，风对飞行的影响最大，其次是温度、能见度和湿度。本部分主要介绍它们对飞行的影响，以及定性和定量收集其信息的方法。

1. 风对飞行的影响

相关资料显示，美国 1993 年共有 180 起飞机事故与各种风有关，其中 38 起飞行事故造成人员死亡或严重受伤，25 架飞机毁坏，138 架飞机实质性损坏。所以，风对飞行的影响很重要，因为它能影响起飞、着陆和巡航飞行操作。对风的形成种类及模式的良好理解，在制定飞行计划和飞行过程中会有很大的帮助，可以趋利避害。

风与飞行的关系极为密切，飞机起飞着陆、选择飞行高度、领航及计算飞机活动路径和油料消耗等，都必须考虑风的影响。风的种类主要有顺风、逆风、侧风、阵风、风切变、下沉气流、上升气流和湍流等，下面主要介绍顺风、逆风、侧风和风切变及其对飞行的影响。

(1) 顺风是指运动方向与飞机起飞运动方向一致的风。这种情况下起飞是非常危险的，因为无人机的方向控制只能靠方向舵完成，而方向舵上没有风就无法正确控制方向，容易造成飞行事故。对此，可参见图 5-1 所示结构加以理解。

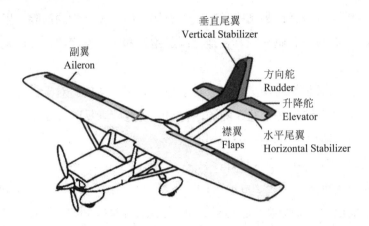

图 5-1　方向舵、尾翼、副翼等结构关系

飞机的垂直尾翼在逆风情况下有利于对飞机的方向控制，而顺风则不利于对飞机的方向控制。顺风还会增加飞机在地面的滑跑速度和降低飞机离地后的上升角，而且速度增加值大于顺风对飞机空速的增加值。

(2) 逆风是指运动方向与飞机起飞运动方向相反的风。这种情况下起飞是非常安全的，因为无人机的方向控制只能靠方向舵完成，而方向舵上有风就容易正确控制方向，容易保障起飞的稳定和安全。逆风可以缩短飞机滑跑距离、降低滑跑速度和增加上升角，这样就不容易冲出跑道。

(3) 侧风是从侧面吹来的风。飞机降落时如遇到侧风剧变，有可能会使飞行偏离跑道中线。近半数飞行事故是侧风造成的。在侧风情况下，要不断地调整飞行姿态和飞行方向，而且尽量向逆风方向调整，即在起飞阶段，飞机离开地面后，向逆风方向转弯飞行。

(4) 风切变的定义有很多种，如：它是指风速和风向在空间或时间上的梯度；它是在相对小的空间里的风速或风向的改变；它是风在短距离内改变其速度或方向的一种情况，其区域的长和宽分别为 25～30 km 和 7～8 km，而其垂直高度只有几百米。风切变的特征是诱因复杂，来得突然，时间短，范围小，强度大，变幻莫测。风切变对飞行的影响有：顺风风切变会使空速减小，逆风风切变会使空速增加，侧风风切变会使飞机产生侧滑和倾斜，垂直风切变会使飞机迎角变化。总的来说，风切变会使飞机的升力、阻力、过载和飞行轨迹、飞行姿态发生变化。

风切变对无人机的影响不易觉察，一般通过自驾仪自动完成调整。在低空遥控飞行时，如果发现飞机的飞行动作与遥控指令不一致，说明遇到风切变，这时应使无人机保持抬头姿态并使用最大推力，以建立稍微向上的飞行轨迹或减少下降。

(5) 最令人担心的是无法预测的阵风。这种风会让原本笔直的飞行路线变得蜿蜒曲折，让拍摄测量数据的计划毁于一旦，空中悬停的无人机会像溜溜球一样上下起伏不定。

阵风在靠近地面处风力最强，因为空气在接近障碍物或地面时，会由于遇到阻力而产生旋涡。这种情况对要着陆的固定翼无人机来说非常危险，因为阵风会导致飞机在低速状态下连续失速。另外，风吹入狭小空间时风速加快(比如两个建筑物之间，或者两座山之间)，这就是"文丘里效应"。而且，风速会随着海拔升高而加快。在离地面 100 米处的风常比地面风的风速高 10 公里/小时。如果无人机因风力而偏航，操控人员的第一反应应该是让无人机下降到风力较弱的高度。

2．上升气流与下降气流

更复杂的是，空气出现湍流的情况时往往没有明显的规律可循。气流在地势高低起伏的地方会产生动力效应：在迎风坡上升(利于延长飞行持续时间)，然后下降，甚至突然下降并转向。在山区、滨海的沙丘和悬崖边飞行时，应该注意这种现象。

阳光照耀大地时也会造成空气流动。和大家通常的想法不同，气流流动要在几十米高处才能感受得到。零散的小片云是上升气流的中心。但是，在天气特别干燥的时候，即使没有小片云也会存在上升气流。尽管无人机有自动驾驶仪和引擎的帮助，但在飞行过程中还是会上下颠簸。

3．云和雨

无人机应该对一个"魔鬼"敬而远之，而外行人对此知之甚少，这个"魔鬼"就是积雨云。这种云形如铁砧，预示着暴雨即将来临。积雨云通常伴随骤雨、冰雹、强风。小到塞斯纳(Cessna)小型飞机，大到空中客车巨型飞机，所有飞机都要避开积雨云，躲开强劲的气旋，以免导致飞机失控。气旋会把固定机翼无人机吸上数千米的高空。积雨云的影响范围达到 10 公里以上，等积雨云远离后再让无人机起飞，才是稳妥的做法。

云是无人机的敌人，它会让操作者看不到无人机，也会遮蔽入侵者，如飞机、直升机等无人机应该避开的物体。

在冬天，云层通常很低，所处的高度让人难以估计。有经验的无人机操控人员有一个应对方法——关注航空天气预报。这种天气预报每小时都会指出最低云层的高度，操控人员可以根据天气预报做好安全防范。

电子元件不喜欢水！尽管一些无人机的结构拥有一定的封闭性和防水性，可以抵御小雨，但大多数多旋翼无人机并不防水。而且，雨水会妨碍无人机的拍摄工作(尤其是透视效果的照片)。同时，雨滴还会打湿镜头。

不论飞机大小如何，无人机、飞机、直升机都要遵守同样的物理法则，面对同样的天气约束。

4．气象情报的采集

气象情报可以通过专用仪器进行采集，也可以通过观察、询问、上网收集获得。下面只重点介绍风、温度、湿度和能见度数据的采集。

1) 风数据的采集

(1) 风速的检测。风速称风的强弱，是指空气流动的快慢。在气象学中特指空气在水平方向的流动，即单位时间内空气移动的水平距离，以 m/s 为单位，取一位小数。最大风速是指在某个时段内出现的最大 10 min 平均风速值；极大风速(阵风)是指某个时间内出现的最大瞬时风速值；瞬时风速是指 3 s 的平均风速。风速可以用风速仪测出，分 12 级，1 级风是软风，12 级风是飓风。风级、风速、风向的常见数值见表 5-1。一般大于 4 级风(和风)时就不适宜无人机的飞行。

表 5-1　风　速　表

风级	风速(m/s)	名称	参照物现象
0	0~0.2	无风	烟直上
1	0.3~1.5	软风	树叶微动，烟偏，能看出方向
2	1.6~3.3	轻风	树叶微响，人面感觉有风
3	3.4~5.4	微风	树叶和细枝摇动不息，旗能展开
4	5.5~7.9	和风	能吹起灰尘、纸片，小树枝能摇动
5	8.0~10.7	清风	有时小树摇摆，内陆水面有小波
6	10.8~13.8	强风	大树枝摇动，电线呼呼响，举伞困难
7	13.9~17.1	疾风	全树摇动，大树枝弯下来，迎风步行不便
8	17.2~20.7	大风	树枝折断，迎风步行阻力很大
9	20.8~24.4	烈风	平房屋顶受到损坏，平房小屋受到破坏
10	24.5~28.4	狂风	可将树木拔起，可将建筑物毁坏
11	28.5~32.6	暴风	陆地少见，摧毁力很大，遭重大损失
12	>32.6	飓风	陆地上绝少，其摧毁力极大

(2) 风向的检测。地表面风向的检测可以通过在遥控器天线上系一条红色丝绸带，将遥控器天线拉出并直立，观察到红色丝绸带飘动的方向，即风吹来的方向。也可以用风向标观察风的方向，风向标分为头和尾，头指向的方向即为风向，如头指向东北就是东北风。风向的表示有东风、南风、西风、北风、东南风、西南风、东北风、西北风。

2) 温度数据的采集

温度是表示物体冷热程度的物理量，温度只能通过物体随温度变化的某些特性来间接测量，而用来度量物体温度数值的标尺叫温标。目前国际上用得较多的温标有华氏温标、摄氏温标和国际实用温标。

温度测量一般采用水银柱、酒精柱、双金属片、铂电阻、热电偶和红外测温等方式。

3) 湿度的测量

湿度是指空气中含水的程度，可以由多个量来表示空气的湿度，包括绝对湿度、蒸汽压、相对湿度、比湿、露点等。用来测量湿度的仪器叫做湿度计。

4) 能见度数据的采集

气象能见度是指视力正常的人，在白天当时的天气条件下，用肉眼观察，能够从天空背景中看到和辨认的目标物的最大水平距离。国际上对能见度的定义是："烟雾的能见度定义为不足 1 km；薄雾的能见度为 1～2 km；霾的能见度为 2～5 km。"烟雾和薄雾通常被认为是水滴的重要组成部分，而霾和烟由微小颗粒组成，粒径相比水滴要小。能见度不足 100 m 的称为能见度为零，在这种情况下道路会被封锁，自动警示灯和警示灯牌会被激活以示提醒。在能见度为 2 km 的情况下，无人机绝对不可以起飞。空军气象台预报的能见度级别是 1 km、2 km、4 km、6 km、8 km、10 km 和 10 km 以上几个等级。

5.2　飞行前的检测

每次飞行前，须仔细检查设备的状态是否正常。检查工作应按照检查内容逐项进行，对直接影响飞行安全的无人机的动力系统、机械系统、电气系统以及机体等应重点进行检查。每项内容须由两名操作员同时检查或交叉检查。

5.2.1　动力系统检测

1. 发动机的检查

1) 燃料的选择与加注

冲程活塞发动机有酒精燃料和汽油燃料之分。酒精燃料主要包括无水甲醇、硝基甲烷和蓖麻油，比例为 3：1：1；汽油燃料一般为 93 号(92 号)汽油。加注时，首先准备一个手动或电动油泵及其电源，将油泵的吸油口硅胶管与储油罐连接，油泵的出油口硅胶管与飞机油箱连接。手动或电动加注相应的燃料。根据布置飞行任务的时间及载重情况，决定加注燃料的多少。

2) 发动机的启动与调整

目前经常用到的活塞发动机有两种，甲醇燃料发动机(见图 5-2)和汽油燃料发动机(见图 5-3)。其启动过程比较复杂，但它们在启动过程中，对油门和风门的调整原理相似。发动机主油门针、怠速油门针和风门的调整对发动机功率、油耗、寿命、噪声都有影响，下面分别介绍。

图 5-2　甲醇燃料发动机

图 5-3　汽油燃料发动机

　　首先将飞机放在跑道上，油箱注满燃料，点火电池放在火花塞上，遥控器与风门同步动作，启动器接触螺旋桨整流罩，然后进行如下操作。

　　用旋转的启动器带动螺旋桨，待发动机自行运转后，就可以开始调节油门针了。

　　油动发动机(汽油燃料发动机)主油门针的调整是通过旋转主油门针调整手柄来完成的(参见图 5-2 和图 5-3)。

　　主油门针调整手柄是一个表面有滚花的钢质圆柱体，有一个卡簧压在花纹上，可以使主油门针逐格旋转。主油门的针柄侧壁上有一个圆形的小螺纹孔，它有两个作用：其一，它可以作为标记，帮助记住油门针的位置；其二，它可以固定加长油门针杆。主油门针位置有的在汽化器上，有的在发动机后侧底盘支架上。主油门针在发动机输出最大功率即"大风门"时的调整作用最为明显。一般认为应在主油门针对应发动机输出最大功率时确立基本的燃气混合比。

　　怠速油门针顾名思义是调整怠速的，通过旋转怠速油门针调整螺钉来实现。怠速油门针调整螺钉的位置在汽化器相对主油门针的一侧，与风门调整摇臂的旋转轴共轴，一般是在一个洞里，但有时也露在外面，是一个铜黄色的一字螺钉。怠速油门针在发动机低转速即"小风门"时调整作用明显。怠速油门针和混合量控制油门针在发动机非输出最大功率时起到限制燃料供给量的作用。

　　风门是吸入气缸内空气流的必经之地，它位于主油门针与怠速油门针之间的喉管(进气通道)中，它的活动机构很容易被看见。怠速油门针就固定在其中的一端，同时在这端还有一个摇臂与风门控制舵机上的连杆相连，使风门与舵机联动。风门控制的道理与水龙头差不多，从进气口向内看，风门与喉管壁形成了一个通道，风门完全打开时通道是圆形的，风门不完全打开时通道是枣核形的。改变摇臂位置可以改变通道的大小，从而限制进入发动机的"燃气"量。风门是联合调整量，在风门改变的同时，其内部机构会牵连怠速油门针一起运动，使得进油量随风门同步增减，控制进油量与发动机转速匹配。在调整时风门作为基准量，它的位置表示了当前发动机理想的工作状态，如风门全部打开，发动机转速最高，输出最大马力；风门打开到不同位置时把两个油门针旋转到适当位置。但实际上只需在风门全开(即"大风门")和风门只打开一条缝(即"怠速")时分别调整主油门针和怠速油门针即可。风门的调节有三种，粗调节、细调节和大风门调节。

(1) 风门的粗调节。启动发动机后，将风门开至最大，主油门针调小，发动机转速升高，主油门针继续调小，发动机转速开始下降，这时主油门针调大，使发动机稳定在最高转速。在此基础上，将风门缓慢调小，观察到进气口有少量油滴喷出，将怠速油门针调小45°。将风门再次开至最大，左右旋转主油门针，使发动机稳定在最高转速。将风门缓慢关小，观察到进气口没有油滴喷出为止。

(2) 风门的细调节。注意发动机转速，发动机应稳定在低一些的转速，再将风门缓慢调小一些，发动机再次稳定在低一些的转速上。再将风门缓慢调小一些，发动机转速不再稳定，而是持续减少，这时将风门开大一些使转速再次稳定，即找到怠速位置。掐紧输油管，发动机转速先不变然后升高，松开输油管，将怠速油门针关小 20°。将风门全开 3 s，再将风门缓慢关小，找到怠速位置，此时发动机转速比第一次要低，掐紧输油管，发动机转速先不变然后升高，但保持不变的时间比第一次短，松开输油管，将怠速油门针关小 20°。将风门全开 3 s，再将风门缓慢关小，找到怠速位置，此时发动机转速比第二次要低，掐紧输油管，发动机转速立即升高。将风门全开 3 s，再将风门关至怠速 10 s，迅速将风门打开，注意发动机转速，发动机转速先保持一会儿再增加，将怠速油门针关小 20°。将风门全开 3 s，再将风门关至怠速 10 s，迅速将风门打开，发动机转速迅速增加，跟随性良好。

(3) 大风门调节。左右旋转主油门针，使发动机稳定在最高转速，调整结束。转速测量，将非接触数字式转速表放在正在运转的发动机附近(10 cm)，读取数值。将调节好的发动机不灭火，以怠速状态等待起飞。

注意事项：

(1) 手指或身体部位应躲开正在转动的发动机桨叶。
(2) 不要站在发动机桨叶旋转平面位置。
(3) 不要站在发动机排气管出口位置。

2. 无刷电动机的准备

无刷直流电动机由电动机主体(见图 5-4(a))和驱动器(见图 5-4(b))组成，是一种典型的机电一体化产品。无刷直流电动机是以自控式运行的，中小容量的无刷直流电动机的永磁体现在多采用稀土钕铁硼(Nd-Fe-B)材料。

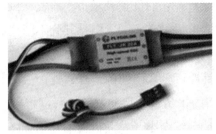

(a) 电动机主体   (b) 电动机驱动器

图 5-4　无刷电动机

1) 无刷电动机试运行的步骤

(1) 首先用手指拨动桨叶，转动无刷电动机，应该没有转子碰擦定子的声音。

(2) 将无刷电动机电缆接到控制器上。

(3) 身体部位躲开螺旋桨旋转平面。

(4) 将无刷电动机控制器上电，遥控器最后上电。

(5) 轻轻拨动加速杆，螺旋桨旋转并逐渐升速。

(6) 加速杆拨回零位，螺旋桨旋转停止。

(7) 无刷电动机控制器断电，遥控器最后断电。

(8) 无刷电动机的准备工作结束。

2) 电源的准备

无人机上所用的电池主要是锂聚合物电池，它是在锂离子电池的基础上经过改进而成的一种新型电池，具有容量大、质量轻(即能量密度大)、内阻小、输出功率大的特点。另外，由于电池外壳是塑料薄膜，因而，即便短路起火，也不会爆炸。锂聚合物电池充满电后电压为 4.2 V，在使用中电压不得低于 3.3 V，否则电池即损毁，这一点需要注意。无人机锂聚合物电池一般是 2 节或者 3 节串联后使用，电压为 12 V 左右。由于锂电池耐"过充"性很差，所以串联成的电池组在充电时必须对各电池独立充电，否则会造成电池永久性损坏。因此，对锂电池充电，需要使用专用的"平衡充电器"(见图 5-5)。

图 5-5　平衡充电器

电池的存放应注意远离热源，避免光照，定期对电池进行电压测试，当电压低于下限时，必须及时进行充电，直到充电器上显示充满信号(绿色指示灯亮)。例如，电池标称容量为 4000 mA·h，在充电完成后，在充电器仪表上显示≥3800 mA·h，则充电合格。

5.2.2　机械系统检测

1. 舵机与舵面系统的检测

舵机是一种位置伺服驱动器。它接收一定的控制信号，输出一定的角度，适用于那些需要角度不断变化并可以保持的控制系统。在微机电系统和航模中，它是一个基本的输出执行机构。舵机由直流电动机、减速齿轮组、传感器和空间电路组成，如图 5-6 所示。它是一套自动控制装置。所谓自动控制，就是用一个闭环反馈控制回路不断校正输出的偏差，使系统的输出保持恒定。舵机主要的性能指标有扭矩、转度和转速。扭矩由齿轮组和电动机所决定，在 5 V(4.8～6 V)的电压下，标准舵机的扭力是 5.5 kg/cm。舵机标准转度是 60°，转速(从 0°转至 60°的时间)一般为 0.2 s。

(a) 舵机外形

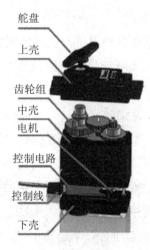

舵盘
上壳
齿轮组
中壳
电机
控制电路
控制线
下壳

(b) 舵机组成

图 5-6　舵机

舵机检测内容主要包括：

(1) 舵机摆动角度应与遥控器操作杆同步。

(2) 舵机正向摆动切换到反向摆动时没有间隙。

(3) 舵机最大摆动角度为 60°。

(4) 舵机摆动速度应是 0°～60°用时 0.2 s。

(5) 舵机摆动扭力应达到 5.5 kg/cm。

2．舵机与舵面系统的调整

舵机的调整，应保证舵机输出轴正反转之间不能有间隙，如果有间隙，需用旋具拧紧其固定螺钉。旋臂和连杆之间的连接间隙小于 0.2 mm，即连杆钢丝直径与旋臂和舵机连杆上的孔径要相配。舵机旋臂、连杆、舵面旋臂之间的连接间隙也不能太小，以免影响其灵活性。舵面中位的调整，尽量通过调节舵机旋臂与舵面旋臂之间连杆的长度使遥控器微调旋钮中位、舵机旋臂中位与舵面中位对应，微小的舵面中位偏差可再通过微调旋钮将其调整到中位。尽量使微调旋钮在中位附近，以便在现场临时进行调整。

5.2.3 无人机电子系统的检测

1．电控系统电源的检测

由于机载电控设备种类多，所以用快接插头式数字电压表进行电压测量，具体操作如下：

(1) 首先将无人机舱门打开，露出自驾仪、舵机、电源等器件，准备一个带快接插头的数字电压表。

(2) 测量各种电压，包括控制电源、驱动电源、机载任务电源等。将数字电压表的快接插头连接到上述各个电源快接插头上；读取数字电压表数值；记录数字电压表数值。

(3) 将各个电源接好。

(4) 从地面站仪表上观察飞机的陀螺仪姿态、各个电压数值、卫星个数(至少要 6 颗才能起飞)、空速值(起飞前清零)、高度(高度表清零)是否正常。

(5) 测试自驾/手动开关的切换功能，切到自驾模式时，顺便测试飞控姿态控制是否正确。测试完后用遥控器切换至手动模式，此时关闭遥控器应进入自驾模式。

(6) 遥控器开伞、关伞开关的切换功能检查。在手动模式，伞仓盖已经盖好，则需要人按住伞仓盖进行开伞仓盖测试；在自动模式，通过鼠标操作地面站开伞仓盖按钮，完成开伞仓盖测试，要求与手动模式测试相同。

(7) 舵面逻辑功能检查，不能出现反舵。

(8) 停止运转检查。应先启动发动机，然后再停止，在地面站上观察转速表的读数是否为零。

注意事项：

① 数字电压表的快接插头与各个电源快接插座的正负极性应一致。

② 如果电压低于规定值，应当立即更换电池。

2．电控系统运行检测

在飞行前必须对无人机电控系统进行检测，首先将要进行检查的无人机放在空地上，打开地面监控站、遥控器以及所有机载设备的电源，运行地面站监控软件，检查设计数据，向机载飞控系统发送设计数据并检查上传数据的正确性，检查地面监控站、机载设备的工作状态，检查飞控系统的设置参数。各种检查项目如表 5-2 所示。

表 5-2　无人机通电检查项目记录表

检查项目	检 查 内 容
监控站设备	地面监控站设备运行应正常
设计数据	检查设计数据是否正确，包括调取的底图、航路点数据是否符合航摄区域，整个飞行航线是否闭合，航路点相对起飞点的飞行高度，单架次航线总长度，航路点(重点是起降点)的制式航线，曝光模式(定点、定时、等距)、曝光控制数据的设置
数据传输系统	地面监控站至机载飞行控制系统的数据传输、指令发送是否正常
信号干扰情况	舵机及其他机载设备工作状态是否正常，有无被干扰现象
遥控器	记录遥控器的频率，所有发射通道应设置正确，遥控开伞响应应正常
	遥控通道控制正常，各舵面响应(方向、量)正确，如果感觉控制量太大，可以修改舵机的遥控行程
	风门设置检查，启动发动机，捕获设置风门最大值、最小值(稳定工作怠速偏上)和能够收风门停车的位置，确保能够控制停车
	遥控器的控制距离正常；不拉开天线，控制距离至少在 20 m 以上
	遥控(RC)和自主飞行(UAV)控制切换正常
静态情况下的飞控系统	GPS 定位检查。从开机到 GPS 定位的时间应该在 1 分钟左右，如果超过 5 分钟还不能定位，应检查 GPS 天线连接或者其他干扰情况。定位后卫星数量一般都在 6 颗以上，位置精度因子 PDOP 水平定位质量数据越小越好，一般是 1～2
	卫星失锁后的保护装置的检查。卫星失锁后的保护装置应自动开启，伞仓门应打开
	检查机体静态情况下的陀螺零点；转动飞机(航向、横滚、俯仰)，观察陀螺、加速度计数据的变化；将飞机机翼水平放置，按下地面站"设置"对话框中的"俯仰滚转角"按钮，设置飞控的俯仰滚转角为零
	转速传感器的工作状态检查。如果飞机安装了转速传感器，用手转动发动机，观察地面站是否有转速显示，检查转速分频设置是否正确
	检查加速度计数据的变化
	高度计的检查。变化飞机的高度，高度计显示值将随之变化
	空速的检查。在空速管前用手遮挡住气流，此时空速计显示值在零附近，否则请重新设置空速零位。再用手指堵住空速管并稍用力压缩管内空气，空速计显示值应逐渐增加或者保持，否则就有可能是漏气或者堵塞。空速计系数的确定是在无风天气飞行中观察 GPS 地速与空速，修正空速计系数
	启用应急开伞功能，应急开伞高度应大于本机型设定值

检查项目	检 查 内 容
机体振动状态下飞控系统的调试	启动发动机,在不同转速下观察传感器数据的跳动情况,舵面的跳动应在正常范围,特别是姿态表(地平仪)所示姿态数据。所有的跳动都必须在很小的范围内,否则改进减振措施
	数传发射对传感器的影响测试,在 UAV 模式下,如果影响较大,查看传感器数据中的实际值,观察陀螺数值是否都在零点左右,否则发射机天线位置必须移动。其他发射机也必须这样测试
	所有接插件接插牢靠,特别是电源
数据发送与回传	将设计数据从监控站上传到机载飞控系统,并回传,检查上传数据的完整性和正确性;
	上传目标航路点,回传显示正确;
	上传航路点的制式航线,回传显示正确
控制指令响应	手动/自动操控的检查,关闭遥控器,切换到 UAV 模式正常
	发送开伞指令,开伞机构响应正常
	发送相机拍摄指令,相机响应正常
	发送高度置零指令,高度数据显示正确

3. 无人机机体检查

无人机机体是飞行的载体,承载着任务设备、飞控设备、动力设备等,是飞行的基础。无人机机体检查项目如下:

1) 对机翼、副翼、尾翼的检查

机翼、副翼、尾翼表面无损伤,修复过的地方要平整;机翼、尾翼与机身连接件的强度、限位应正常,连接结构部分无损伤,紧固螺栓须拧紧;整流罩安装牢固,零件应齐全,与机身连接应牢固,注明最近一次维护的时间。

2) 对电气设备安装的检查

线路应完好、无老化;各接插件连接牢固;线路布设整齐、无缠绕;接收机、GPS、飞控等机载设备的天线安装应稳固;减振机构完好,飞控与机身无硬性接触;主伞、引导伞叠放正确,伞带结实、无老化,舱盖能正常弹起,伞舱四周光滑,伞带与机身连接牢固;起落架外形应完好,与机身连接牢固,机轮旋转正常;重心位置应正确,向上提拉伞带,使无人机离地,模拟伞降,无人机落地姿态应正确。

无人机飞行前按规定还应进行下列相关项目的检查(每项检查都进行填表记录)。

3) 设备使用记录

记录使用设备的型号和编号(见表 5-3),用于设备使用时间的统计、故障的查找和分析。

表 5-3　设备使用记录表

名称	飞行平台	发动机	飞控	任务设备	监控站	遥控器	弹射架	降落伞
型号								
编号								

4) 地面监控站设备检查

检查地面监控站设备并记录检查结果(见表 5-4),存在问题的应注明。

表 5-4　地面监控站设备检查项目

检查项目	检查内容
线缆与接口	检查线缆无破损,接插件无水、霜、尘、锈,针、孔无变形、无短路
监控站主机	放置应稳固,接插件连接牢固
监控站天线	数据传输天线应完好,架设稳固,接插件连接牢固
监控站电源	正负极连接正确,记录电压数值

5) 任务设备检查

检查任务设备并记录检查结果(见表 5-5),存在问题的必须注明。此处任务设备为单反数码相机,其他类别任务设备的检查项目和检查内容参照执行,表中未列项目应根据需要按照任务设备使用说明进行检查。

表 5-5　任务设备相机检查项目

检查项目	检查内容
镜头	镜头焦距须与技术设计要求相同,镜头应洁净,记录镜头编号
对焦	设置为手动对焦,对焦点为无穷远
快门速度	根据天气条件和机体振动情况正确设置,宜采用快门优先或手动设置
光圈大小	根据天气正确设置,F 值不应小于 5.6
拍摄控制	应选择单张拍摄模式
感光度	根据天气条件正确设置
影像品质	影像品质设置正确,宜选择优等级
影像风格	影像风格选择正确,包括锐度、反差、饱和度、白平衡等
日期和时间	相机设置的日期、时间应正确
试拍	连接电池和存储设备,对远处目标试拍数张,检查影像是否正常
电量	检查电机电量是否充足
清空存储设备	相机装入机舱前,应清空存储设备

4．飞行平台检查

检查无人机飞行平台并记录检查结果(见表 5-6)，存在问题的必须注明。此处飞行平台指正常布局、机翼和尾翼可拆卸的固定翼无人机，其他气动布局的无人机飞行平台检查项目和检查内容参照此执行。

表 5-6　无人机飞行平台检查项目

检查项目	检查内容
机体外观	应逐一检查机身、机翼、副翼、尾翼等有无损伤，修复过的地方应重点检查
连接机构	机翼、尾翼与机身连接件的强度、限位应正常，连接结构部分无损伤
执行机构	应逐一检查舵机、连杆、舵角、固定螺丝等有无损伤、松动和变形
螺旋桨	应无损伤，紧固螺栓须拧紧，整流罩安装牢固
发动机	零件应齐全，与机身连接应牢固，注明最近一次维护的时间
机内线路	线路应完好、无老化，各接插件连接牢固，线路布设整齐、无缠绕
机载天线	接收机、GPS、飞控等机载设备的天线安装应稳固，接插件连接牢固
空速管	安装应牢固，胶管无破损、无老化，连接处应密闭
飞控及飞控舱	各接插件连接牢固，线路布设整齐、无缠绕，减震机构完好，飞控与机身无硬性接触
相机及相机舱	快门接插件连接牢固，线路布设整齐、无缠绕，减震机构完好，相机与机身无硬性接触
降落伞	应无损伤，主伞、引导伞叠放正确，伞带结实、无老化
伞舱	舱盖能正常弹起，伞舱四周光滑，伞带与机身连接牢固
油箱	无漏油现象，油箱与机体连接应稳固，记录油量
油路	油管应无破损、无挤压、无折弯，油滤干净，注明最近一次油滤清洗时间
起落架	外形应完好，与机身连接牢固，机轮旋转正常
飞行器总体	重心位置应正确，向上提伞带使无人机离地，模拟伞降，无人机落地姿态应正确

5．燃油和电池检查

检查燃油和机载电池(见表 5-7)。

表 5-7　燃油、电池检查项目

检查项目	检查内容
燃油	确认汽油、机油的标号及混合比符合要求，汽油应无杂质
机载电池	机载电池(包括点火电池、接收机电池、飞控电池、舵机电池等)装入无人机之前，记录电池的编码、电量，确认电池已充满，电池与机身之间应固定连接，电源接插件连接应牢固
遥控器电池	记录电池的编号、电量，确认电池已充满

6. 弹射架检查

采用弹射起飞为发射方式的无人机系统，应检查弹射架(见表 5-8)。此处弹射架特指使用轨道滑车、橡皮筋的弹射机构。

表 5-8　弹射架检查项目

检查项目	检 查 内 容
稳固性	支架在地面的固定方式应因地制宜，有稳固措施，用手晃动测试其稳固性
倾斜性	前后清晰度应符合设计要求，左右应保持水平
完好性	每节滑轨应紧固连接，托架和滑车应完好
润滑性	前后推动滑车进行测试，应顺滑；必要时应涂抹润滑油
牵引绳	与滑车连接应牢固，牵引绳应完好、无老化
橡皮筋	应完好、无老化，注明已使用时间
弹射力	根据海拔高度、发动机动力，确定弹射力是否满足要求，必要时测试拉力
锁定机构	用手晃动无人机机体，测试锁定状态是否正常
解锁机构	应完好，向前推动滑车，检查解锁机构工作是否正常

7. 发动机启动后的检查

启动发动机，检查无人机和机载设备着车后的工作状态(见表 5-9)。

表 5-9　发动机启动后的检查项目

检查项目	检 查 内 容
飞控系统	在整个转速范围内，飞控各项传感器数据跳动在正常范围内
发动机响应	大、小油门以及风门响应线性度正常；发动机工作状态正常，无异常抖动
发动机风门	发动机风门最大值、最小值、停车位置设置正确
转速	转速显示正确；用测速表测最大转速并记录，最大转速应与标称值相符
舵面中立	各舵面中立位置正确，否则用遥控器调整
发动机动力	发动机动力随着海拔高度、使用时间而变化，根据需要进行拉力测试
停车控制	监控站停车控制正常；遥控器停车控制正常

8. 附带设备检查

根据系统配置，对相关的附带设备进行检查。检查项目按照其组成、配置、技术指标进行设置。

9．关联性检查

设备检查时，任何一项内容发现问题并调整正常后，还要对与其相关的内容进行追溯性检查。

5.3　航线准备

5.3.1　航路规划

航线/轨迹规划是航线规划与轨迹规划的统称，二者都属于飞行器任务规划的底层问题。航迹规划是指在综合考虑无人机的飞行特性、燃油消耗及规划空间障碍、威胁等因素的前提下，为无人机规划出一条从起点到终点的最优或者次优飞行轨迹。航线规划与轨迹规划的共同点是考虑地形、气象等环境因素以及平台自身的飞行性能，为飞行器制定出从初始位置到目标位置的最优飞行路径。

航路规划的目的是利用地形和任务信息，规划出满足任务规划要求且相对最优的飞行轨迹。航路规划中采用地形跟随、地形回避和威胁回避等策略。

航路规划需要各种技术，如现代飞行控制技术、数字地图技术、优化技术、导航技术以及多传感器数据融合技术等。

要想完成无人机飞行任务，必须进行航路规划、航路控制和航路修正，下面简单介绍相关内容。

1．航路规划步骤

(1) 从任务说明书中了解本次任务，包括上级部署的航线、飞行参数、动作要求。

(2) 给出航路规划的任务区域，确定地形信息、威胁源分布的状况以及无人机的性能参数等限制条件。

(3) 对航路进行优化，满足无人机的最小转弯半径、飞行高度、飞行速度等约束条件。

(4) 根据任务说明书的内容，以及指定的航线，在电子地图上画出整个飞行的路线。

2．航路的控制

当无人机装载了参考航路后，无人机上的飞行航路控制系统使其自动按预定参考航路飞行，航路控制是在姿态角稳定回路的基础上再加上一个位置反馈构成的。其工作过程如下：在无线信道畅通的条件下，由 GPS 定位系统实时提供飞机的经度和纬度，结合遥测数据链提供的飞机高度，将其与预定航路比较，得出飞机相对航路的航路偏差，再由飞行控制系统计算机计算出飞机靠近航路飞行的控制量，并将控制量发送给无人机的自动驾驶系统，机上执行机构控制飞机按航路偏差减小的方向飞行，逐渐靠近航路，最终实现飞机按预定的航路自动飞行，从而完成预定的飞行任务。

3. 航路的修正

在任务区域内执行飞行任务时，无人机是按照预先指定的任务要求执行一条参考航路，根据需要适时调整和修正参考航路。由于在执行任务阶段对参考航路的调整只是局部的，因此在地面准备阶段进行的参考航路规划对于提高无人机执行任务的效率至关重要。

航路威胁源的避让是必须考虑的因素。无人机处于高空、高速飞行状态，可以将地形环境中高度的因素简单化考虑，即将三维的工作环境变成二维的环境，这样有助于对航路规划的任务进行简单考虑。但如果有复杂地形的情况，航路规划就变成一项复杂的工作，要考虑引入地形跟随算法，实现低空突防的航路规划，这也要根据实际的情况来确定。将空间高度高于无人机最大飞行高度的山脉、天气状况恶劣的区域都表示为障碍区，等同于威胁源，用威胁源中心加上威胁半径来表示。在做无人机航路规划时要避开这些区域，具体做法如下：

(1) 指定起始点和目标终点。

(2) 通过任务规划，指定作业区域，用经纬度表示。

(3) 给出作业设备能够作用的范围，用半径为 R 的圆表示，圆的中心即为作业区域的中心。

(4) 给出威胁源的模型，用威胁半径为 R 的圆表示。建模的时候应充分考虑不同的威胁源及其威胁等级，作为衡量航路路径选择的一个标准，使无人机在不同威胁源的情况下选择不同的航路。规划最安全的航路和最短的航路之间存在着矛盾，考虑安全性的同时还要考虑航路长度对燃油的消耗问题。两者结合考虑以获得最佳的航路，使既在安全范围内，又能减少燃油消耗。

5.3.2　地面站设备准备

1. 地面站硬件设备的连接

地面站设备主要是指地面站，它具有对自驾仪各种参数、舵机及电源进行监视和控制的功能。飞行前必须对其进行测试。将无人机地面站设备放在工作台上，打开地面站的电源，准备好无人机地面站检查项目记录表格(见表 5-10)，逐项检查无人机地面站设备的连接情况。

表 5-10 地面站连接检查项目

检 查 项 目	检 查 内 容	记 录
线缆与接口	检查线缆无破损，接插件无水、霜、尘、锈，针、孔无变形，无短路	
地面站主机	放置应稳固，接插件连接牢固	
地面站天线	数据传输天线应完好，架设稳固，接插件连接牢固	
地面站电源	正负极连接正确，记录电压数值	

注意:

- 严格按照表格顺序进行检查，避免漏项。
- 查出问题，及时处理。
- 需要填写的部分，字迹要工整，语言符合行业规范。
- 存在问题的需要注明。
- 需签字和注明日期。

2．地面站软件

1) 软件安装

地面站软件是完成航路规划的工具，必须将其安装在电脑上。具体安装步骤是：地面站设备接通电源，主界面出现后，将地面站软件安装盘放入地面站或笔记本电脑的光驱中，或将 U 盘插到地面站或笔记本电脑的 USB 接口；按照安装界面提示的路径进行操作，完成安装。重新启动地面站，进入地面站操作主页面，等待具体规划。

2) 软件界面认知

地面站是操作功能全面的指挥控制中心，它是操作培训、软件模拟、飞控调试、实时三维显示以及飞行记录分析的一体化无缝工作平台。双击地面站图标，进入无人机地面操控界面。在操控界面可进行模拟控制，结合 UP 等可进行模拟飞行，可实时对无人机进行飞行控制，可进行记录回放等。如图 5-7 所示是 Mission Planner-1.3.28 版本的界面。

图 5-7　无人机地面站界面

不同的地面站软件界面略有不同，在该地面站软件中，可以完成的功能有：

(1) 飞行器实时信息的显示。

(2) 飞行计划航线设置的功能区以及比例尺的显示。

(3) 位置信息显示和地图种类选择。

(4) 模拟状态的飞行软件选择、数传电台的数据传输情况，如图 5-8 所示。

(5) 焦点飞行器实时姿态、速度、高度等飞行参数显示。

(6) 地图区是屏幕中间最大的部分，用于观察飞行器姿态，进行航线设定、实时飞行控制等。

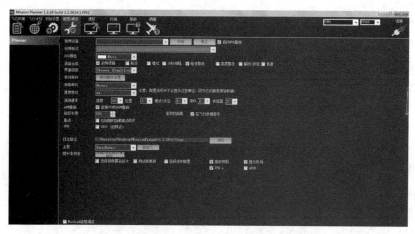

图 5-8　模拟状态的数据

关于航线设定界面，在地图区域点击鼠标左键进入航线规划界面。将光标移到航点上按下鼠标左键即可拉动此航点到任意位置。如果需要修改其他属性，双击航点即可打开航点编辑视窗。如想要删除或增添航点，用鼠标左键点击选择一个航点，再点击鼠标右键，跳出菜单后选取相应的操作。航线绘制完毕后上传并退出即可，如图 5-9 所示。

图 5-9　无人机地面站界面(有航路设计)

3) 地图知识

在地面站进行航线规划操作时，离不开与地图相关的知识，这里还需要掌握地图比例尺的相关知识。地图上的比例尺表示图上距离比实地距离缩小的程度，因此也叫缩尺，用公式表示为

$$比例尺 = \frac{图上距离}{实地距离}$$

本章学习目标 📖

➢ 掌握无人机遥控器的主要功能及常用遥控器的使用方法。

➢ 掌握地面站的常用功能及使用流程。

➢ 了解无人机进场方式并掌握正风和侧风的进场操控。

➢ 掌握无人机滑跑降落、伞降及复飞的操作方法。

6.1　遥控器操作

飞行操控是指通过手动遥控方式或采用地面站操纵无人机进行飞行，是无人机操控师需要掌握的核心技能。飞行操控包括起飞操控、航线操控、进场操控和着陆操控四个阶段。无人机型号众多，不同型号遥控器的操控方法与注意事项基本相同。可通过参考相应的设备使用说明书，掌握不同型号遥控器的功能与操作方法。

1．遥控器的功能与组成

遥控器，英文名为 Remote Control，意思是无线电控制，通过它可以对设备、电器等进行远距离控制。常用遥控器主要分为工业用遥控器和遥控模型用遥控器两大类，如图 6-1 所示。

(a) 工业用遥控器　　　　　　　(b) 遥控模型用遥控器

图 6-1　常用的遥控器

无人机常用遥控模型的遥控器，在介绍遥控器组成之前，我们先简要介绍通道的概念。通道也称 Channel，简单地说就是可以用遥控器控制的动作路数，比如遥控器只能控制四轴上下飞，那么就是 1 个通道。用最常见的四轴来举例，四轴在控制过程中需要控制的动作路数有：上下、左右、前后、旋转，所以最好是 4 通道遥控器起，而且各个通道应该可以同时独立工作，不会互相干扰。固定翼飞机还要控制水平尾翼(升降)的通道和控制副翼(作横滚等特技动作)的通道；直升机更要增加陀螺仪用的通道。

下面我们就以 Futaba 14 通道遥控设备为例简单介绍遥控器的组成。通常遥控器由发射机、接收机、舵机、电源等部分构成。

图 6-2 所示为 Futaba 14 通道遥控设备发射机的外形和各部分名称。在发射机面板上，有两种操纵杆分别控制 1、2 通道和 3、4 通道的动作指令，另外还有与操纵杆动作相对应的 4 个微调装置。通过多波段开关位置的不同，可相应设置为其他通道。

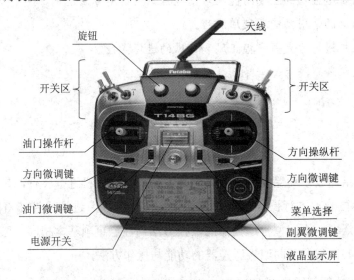

图 6-2 14 通道遥控器各部分的名称

2. 遥控器的常用操作方式

(1) 日本手。左手控制升降舵和方向舵，右手控制油门和副翼，如图 6-3 所示。

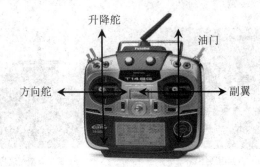

图 6-3 日本手遥控器

(2) 美国手。左手控制油门和方向舵，右手控制升降舵和副翼，如图 6-4 所示。

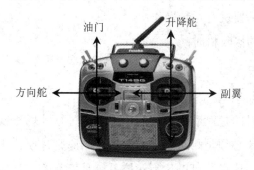

图 6-4　美国手遥控器

3. 遥控器对频

对频就是让接收器认识遥控器，从而能够接收遥控器发出的信号。通常情况下，遥控器在出厂之前就已经完成对频，可以直接使用。如更换遥控器，应参照相应的遥控器说明书来进行重新对频，以下仅以较为常用的某型遥控器为例进行对频操作的介绍。

(1) 将发射机和接收机的距离保持在 50 cm 以内，打开发射机的电源。

(2) 在遥控器关联菜单下面打开系统界面。

(3) 如果使用一个接收机，选择"SINGLE"，如果一台发射机要对应两个接收机，则选择"DUAL"。选择后者的时候，需要同时与两个接收机进行对频，如图 6-5 所示。

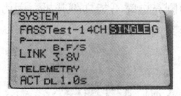　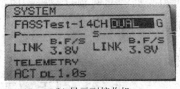

(a) 显示主接收机　　　　　　　　(b) 显示副接收机

图 6-5　选择接收机个数的界面

(4) 选择下拉菜单中的"LINK"并按下"RTN"键，如果发射机发出嘀嘀声，则表示已经进入对频模式，如图 6-6 所示。

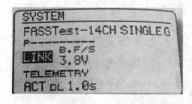　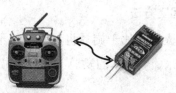

图 6-6　进入对频模式

(5) 进入对频模式之后，立刻打开接收机的电源。

(6) 打开接收机电源几秒钟后，接收机进入等待对频状态。

(7) 等到接收机的 LED 指示灯从闪烁变为绿灯长亮时, 则表示对频已完成。

通常在下列情况下需要进行对频操作:

- 使用非原厂套装的接收机时;
- 变更通信系统之后。

4. 遥控器拉距实验

无人机拉距实验的目的是对遥控系统的作用距离进行外场测试。每次拉距时, 接收机天线和发射机天线的位置必须是相对固定的。拉距的原则是要让接收机在输入信号比较弱的情况下也能正常工作, 这样才可以认为遥控系统是可靠的。具体的方法是将接收机天线水平放置, 指向发射机位置, 而发射机天线也同时指向接收机位置。由于电磁波辐射的方向性, 此时接收机天线所指向的方向正是场强最弱的区域。

新的遥控设备进行拉距实验时, 应先拉出一节天线, 记下最大的可靠控制距离, 作为以后例行检查的依据。然后再将天线整个拉出, 并逐渐加大遥控距离, 直到出现跳舵。当天线只拉出一节时, 遥控设备应在 30～50 m 的距离上工作正常, 而当天线全部拉出时, 遥控设备应在 500 m 左右的距离上工作正常。

所谓的工作正常, 其标准是舵机没有抖动。如果舵机出现抖动, 要立即关闭接收机, 此时的距离刚好是地面控制的有效距离。

老式的设备不允许在短天线时开机, 否则会把高频放大管烧坏。新式设备都增加了安全装置, 不用再担心烧管的问题。但镍镉电池刚充电时不能立刻开机, 因为此时发射机电源的电压有可能会超过其额定值。

6.2 固定翼无人机飞行操控

6.2.1 起飞操控

1. 常用起飞方法

固定翼无人机相比于旋翼机, 关键的不同之处就在于起飞。固定翼最常见的起飞方式为滑行, 后来随着技术的发展, 又衍生出了垂直起飞、空投、轨道弹射起飞、手抛等起飞方式。

1) 滑行起飞

滑行起飞是固定翼无人机最常见的起飞方式, 安全性高, 机动灵活性差, 适合军用无人机。但民用领域多数并不具备足够的起飞空间, 因此在一定程度上限制了固定翼无人机在民用领域的大范围推广。如图 6-7 所示即为滑行起飞方式。

图 6-7　滑行起飞

2) 垂直起飞

垂直起飞是较为先进的概念，适用于空中混血儿——倾转旋翼无人机。倾转旋翼无人机结合了旋翼机和固定翼机的优点，既有旋翼又有固定翼，无人机起飞和着陆时，旋翼轴处于垂直状态，因此可以保障无人机的垂直起降，成功起飞后，旋翼轴会转变为水平状态，使无人机过渡到飞行模式。因此这种无人机兼具垂直/短距离起降和高速巡航的特点。目前从世界范围来看，倾转旋翼技术还处于起步阶段，只有少数国家这方面的技术相对成熟。

3) 空投式起飞

空投方式需要借助母机搭载固定翼升空，到达至一定空域后释放，从而完成固定翼的发射工作。比较典型的是波音公司去年推出的无人机发射和回收系统 FLARES。FLARES 类似大型四旋翼无人机，既可以作为固定翼无人机的发射台，又可以对无人机进行回收。2015 年 8 月，Insitu 公司利用"扫描鹰"无人机对 FLARES 进行了一系列测试。测试期间，下方搭载了"扫描鹰"的 FLARES 直接飞上空中，开始盘旋，"扫描鹰"随之加速，最后脱离 FLARES 而飞出。FLARES 飞回发射基台，在操作人员将回收系统固定在其底部后，FLARES 再次升空准备回收无人机。

4) 轨道弹射起飞

轨道弹射需要借助轨道仪器，靠外力(气/液压、电磁等)，使滑车托举着无人机在导轨上加速，从而让无人机获得平飞速度，顺利出架，如图 6-8 所示。例如，电机动力的弹射系统一般由滑行轨道、小车、牵引钢丝、缓冲橡皮筋、电动绞盘、电机减速机构、开锁装置等构成。滑车的牵引力源于高扭矩电机，开锁装置与电源开关联动，设置合理的电机减速比，使电动绞盘的转速和扭矩满足滑车前进的力量和速度需求。轨道弹射起飞机动灵活，适用于民用领域，但第一次弹射前准备和调试时间较长，且弹射设备体积较大，运载比较麻烦。

图 6-8 弹射起飞

5) 手抛式起飞

手抛式起飞最为简单，如图 6-9 所示。与放飞纸飞机类似，手抛式起飞适用于质量轻、尺寸小的微型无人机，比如美国的"大乌鸦"、"指针"和英国的 MSV-10 无人机。

图 6-9 手抛式起飞

2. 副翼、升降舵和方向舵的基本功能

(1) 副翼的功能：副翼的作用是让机翼向右或向左倾斜。通过操作副翼可以完成飞机的转弯，也可以使机翼保持水平状态，从而让飞机保持直线飞行。

(2) 升降舵的功能：当机翼处于水平状态时，拉升降舵可以使飞机抬头，当机翼处于倾斜状态时，拉升降舵可以让飞机转弯。

(3) 方向舵的功能：在空中飞行时，方向舵主要用于保持机身与飞行方向平行；在地面滑行时，方向舵用于转弯。

3. 滑跑与拉起

滑跑与拉起在整个飞行过程中是非常短暂的，但是非常重要，决定飞行的成败。所以，在飞行操作之前，必须将各个操作步骤程序化，才能在短暂的数秒中完成几个操作动作。下面简单介绍滑跑与拉起的动作要求。滑跑动作如图 6-10 所示。

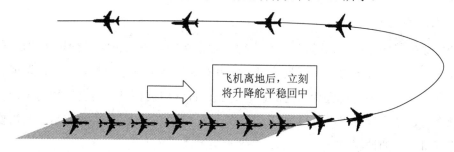

图 6-10 起飞滑跑

1) 滑跑

(1) 在整个地面滑跑过程中，保持中速油门，拉出 10°的升降舵。

(2) 缓慢平稳地将油门加到最大，等待达到一定速度。

2) 起飞

(1) 在飞机达到一定速度时，自行离地。

(2) 在离地瞬间，将升降舵平稳回中，让机翼保持水平飞行。

(3) 等待飞机爬升到安全高度。

3) 转弯

(1) 当飞机爬升到安全高度时，进入第一个转弯，将油门收到中位，然后水平转弯。

(2) 调整油门，让飞机保持水平飞行，进入航线(不管油门设在什么位置，都要注意让飞机在第一次转弯时保持水平飞行，以防止转弯后出现波状飞行)，如图 6-11 所示。

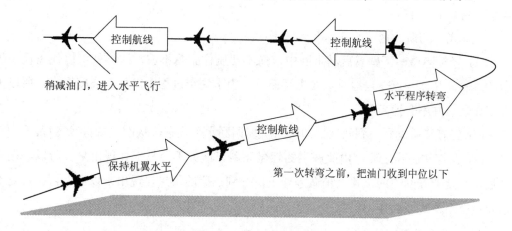

图 6-11 第一次转弯

4. 进入水平飞行

1) 飞行轨迹的控制

飞机起飞后有充分的时间对油门进行细致的调整，以保持飞机水平飞行。但是在进行油门调整之前，首先要保证能够控制好飞机的飞行轨迹。

2) 进入水平飞行

从转弯改出(改出是让飞机从非正常飞行状态下经操作进入正常飞行状态的过程)后，进入顺风边飞行。此时不要急于调整油门，只有在操纵飞机飞行一段时间后，发现飞机一直持续爬升或下降，才需要进行油门的调整。在进行油门调整时，需要注意的是，在做完一次调整之后，要先操纵飞机飞一会儿，观察一下飞行状态，然后再决定是不是需要对油门继续进行进一步的调整。

对于固定翼无人机的起飞操控，需要通过多次反复练习，才可能熟练掌握。

6.2.2 飞行航线操控

飞行航线操控一般分为手动操控与地面站操控两种方式，手动操控用于起飞和降落阶段，地面站操控用于作业阶段。

1. 手动操控

1) 直线飞行与航线调整

细微的航线调整及维持直线飞行是通过"点碰"(轻触)副翼的动作来进行的。在操控无人机时，不管是要保持直线航行，还是要对航线进行细微调整，只需轻轻"点碰"副翼再放松回到回中状态，即可减轻过量操纵的问题，从而达到非常精确的控制。经过反复练习之后，这种点碰副翼的动作会变得非常细微而准确，使航线变得非常平滑，也使飞机的操纵变得得心应手。

直线飞行与航线调整的基本要点如下：

(1) 轻轻点碰一下副翼后马上回中，而不要压住副翼不放，这样就可以使飞机产生轻微的倾斜，从而一点一点地对航线进行调整。由于这个过程中产生的坡度很小，所以飞机在点碰之后并不会掉高度。

(2) 轻轻点碰副翼一到两次，即可将机翼调回水平状态，从而保持直线飞行。

(3) 在点碰副翼之后，由此产生的轻微倾斜可能并不会马上体现出来。所以，在点碰之后，一定要在回中的位置上稍微等一下，等到点碰的效果显现出来以后，再决定是不是需要做下一次点碰动作。

2) 转弯与盘旋

(1) 转弯操控。初学者在开始时会很自然地根据飞机的飞行状况去被动地"反应"。这样的一个"被动反应者"必须要先见到错误之后才能够决定下一步该怎样行动。因此，所有"被动反应者"在开始的时候都会遇到螺旋俯冲的问题。问题产生的原因在于：操作者在开始转弯的时候先压一点儿副翼，然后一边观察机翼的倾斜情况，一边用手继续压着副翼。当飞机开始下沉的时候，操纵者的注意力自然会转移到拉升降舵上，以使飞机保持平飞。而在这一过程中，其手指是始终压着副翼的。如此一来，其结果就是让飞机倾斜得更厉害，更加急剧地螺旋俯冲。所以要尽量避免采用这一惯用的见错改错的方式来转弯。

操纵飞机转弯的步骤如下：

① 压坡度：利用副翼将机翼向要转弯的方向横滚倾斜。

② 回中：将副翼操纵杆回中，使机翼不再进一步倾斜。

③ 转弯：立即拉升降舵并一直拉住，使飞机转弯，同时防止飞机在转弯过程中掉高度。

④ 回中：将升降舵操纵杆回中，以停止转弯。

⑤ 改出：向反方向打副翼，使机翼恢复到水平状态。

⑥ 回中：在机翼恢复水平的瞬间将副翼回中。

副翼偏转幅度的大小决定转弯的角度，也决定了拉升降舵的幅度。无人机转弯操纵步骤如图 6-12 所示。

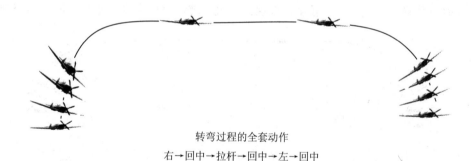

转弯过程的全套动作

右→回中→拉杆→回中→左→回中

图 6-12　无人机转弯操纵

以"回中"状态作为标志点。如果每次转弯都从回中状态开始，并且在两次操纵动作之间再回到回中状态，那么就可以形成一个"标志点"。利用这个"标志点"，可以精确计量出每次操纵幅度的大小，从而就能够更容易地再现正确的操纵幅度。

• **示例 1**：在给定的坡度下，过度拉升降舵会使飞机在转弯时爬升，如图 6-13 所示。

图 6-13　拉升降舵过度

• **示例 2**：再次使用与示例 A 中相同的幅度操纵副翼，但是要注意以回中状态作为起始点，少拉一点升降舵。这样，就可以完成一个水平的转弯动作，如图 6-14 所示。

图 6-14　减少拉升降舵的幅度

• **示例 3**：如果前两个转弯比想象中的急，那么就以回中状态作为起始点，减少副翼的操作幅度。这样，下一个转弯就会变得缓和。

确保每次转弯都保持一致的方法。无论左转弯还是右转弯，操纵的模式均相同。在转弯结束时，使用与压坡度(使飞机形成围绕纵轴偏离水平的角度)时幅度相同但方向相反的方式操纵副翼进行改出，即可保证转弯的一致性。

注意：要预先确定好操纵幅度，尤其是当飞机距离过远，不易观察时，这一点尤为重要。

(2) 180°水平转弯。副翼的操纵幅度较小，因而飞机飞的坡度也较小，转弯也比较缓；同时拉升降舵的幅度也要较小，以保证飞机在转弯过程中维持水平，如图 6-15 所示。

图 6-15　180°水平转弯

(3) 360°盘旋。盘旋是水平转弯的延伸。只需一直拉住升降舵，即可很容易地完成该动作。

副翼的操纵幅度较大，因而飞机的坡度也较大，转弯也较急；同时拉升降舵的幅度也要较大，以保证飞机在转弯过程中维持水平。

3) 高度控制与油门

(1) 通过油门控制高度。在初次学习飞行操控时，应将油门控制在大约 1/4 的位置。因为此时飞机速度比较理想，既可以让飞机获得足够的速度来保持水平飞行，同时又不会飞得太快，让学员有充分的时间去思考。如果想改变飞机的飞行高度，正确的方法是：若要让飞机爬升，则将油门加到比 1/4 大，那么飞机速度就会加快，升力提高而使飞机上升；若要让飞机下降，则可将油门减到比 1/4 小，那么飞机速度就会减小，升力降低而使飞机下降。

在使用 1/4 油门时，并不能像想象中那样利用升降舵来爬升或下降。假如采用升降舵来爬升的话，那么在不加大油门的情况下，飞机向上爬升时速度会逐渐降低。此时升力会逐渐减小，使飞机下降。换句话说，飞机的轨迹就会进入振荡状态，即所谓的"波状飞行"，如图 6-16 所示。

图 6-16　波状飞行

油门使用与高度控制的基本要点如下：

① 用 1/4 油门保持飞机水平飞行，加大油门飞机爬升，此时，飞行速度提高，机翼升力增大，油门回到 1/4，恢复飞机水平飞行。

② 用 1/4 油门保持飞机水平飞行，减小油门飞机下降，此时，飞行速度降低，机翼升力减小，油门回到 1/4，恢复飞机水平飞行。

总之，随着温湿度的变化，保持飞机水平飞行所需的油门量也会有所不同，但油门总是在 1/4 左右，不会变化太多。

(2) 改出。所谓的"改出"就是让飞机从非正常飞行状态下，经过操作使其进入正常的飞行状态的过程。改出时不能简单地依靠油门将飞机拉起，而应先让飞机从非正常状态飞出来，如图 6-17 所示。之后，如果还有必要让飞机再爬升到原有高度的话，可以再加大油门。

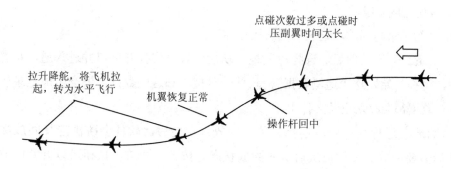

图 6-17　改出

2. 地面站操控

1) 地面站常用功能操作方法

(1) 参数设置。在无人机进行航线飞行之前，首先需要对地面站参数进行基本设置：

- 高度：无人机每次起飞前需要输入飞控所在的高度值。

- 空速：将空速管进口挡住，阻止气流进入空速管，点击清零按钮可以将空速计清零。

- 安全设置：地面站中的基本安全设置主要包括爬升角度限制和开伞保护高度等可能影响飞行安全的参数。根据不同软件的设定，其他可能需要设置的安全参数还包括俯冲角度限制、滚转角度限制、电压报警、最低高度报警等。

(2) 捕获。捕获功能主要用于捕捉各个舵机关键位置，包括中立位、最大油门、最小油门、停车位。

(3) 地图操作。使用地图操作功能可以进行飞行任务的编辑、监视与实时修改。常用的操作主要包括：

- 建立地图。通常可以使用电子地图或扫描地图。

- 视图操作。可以对地图进行放大、缩小、平移等操作。

- 测量距离。启用测距功能，使用鼠标点击测量相邻点间的距离和总距离。

- 添加标志。在地图上需要添加标志的地方用鼠标直接操作生成对应的标志对象。

(4) 航线操作。航线操作过程如下：

① 新增航点。点击相应的"增加航点"按钮，可以自动按顺序生成一系列航点。

② 编辑航点。若有规划好的航线，就弹出相应的"航线编辑"对话框。对话框中各航点的数据可以手工输入或用鼠标选择相应参数。

③ 删除航点。对于选中的航点，直接用 Delete 键可以将其删除，剩下航点会自动重排。

④ 上传下载航点。可以选择上传或下载单个或全部航点。

⑤ 自动生成航线。

(5) 飞行记录与回放。记录与回放操作如下：

① 记录。运行软件后，选择"监视"功能，软件将打开串口并进入通信状态。打开飞控后，飞控初始发送"遥测数据"，软件一旦接收到这些数据，就会生成记录软件。下传的所有数据都会存入记录文件中。

② 回放。运行软件后，选择菜单"回放"功能后，软件会跳出选择回放文件的窗口，选择需要回放的文件记录后进入回放状态。按下"回放"按钮可以开始回放飞行数据，按下"暂停"按钮可以暂停回放。

2) 地面站航线飞行操作流程

对于已经完成 PID 调整的飞机，可以按照下面的步骤来进行飞行操作。

(1) 安装并连接地面站。

(2) 安装机载设备，连接电源，连接空速管。

(3) 飞机飞控开机工作 5～10 min。由于飞控会受温度影响,所以当室内外温差比较大时,将飞机拿到室外之后,应先放置几分钟,以使其内外部温度平衡。

(4) 打开地面站软件,参照飞行前检查表,对各个项目逐一进行检查。主要检查项目包括陀螺零点、空速管、地面高度设置、遥控器拉距测试、航线设置、电压和 GPS 定位。

(5) 起飞后,如果飞机没有进行过调整并记录过中立位置,则需利用遥控器微调进行飞行调整,调整到理想状态时,地面站捕获中立位置;如果已经进行过飞行调整,则在爬升到安全高度后,切入航线飞行。

(6) 当飞机飞出遥控器有效控制距离后,可以通过地面站关闭接收机,以防止干扰或者同频遥控器的操作。

(7) 在滑翔空速框中输入停车后的滑翔空速,以备在飞机发动机停车时能够及时按下"启动滑翔空速"。

(8) 飞行完成后,飞机回到起飞点盘旋,如果高度过高,不利于观察,可以在地面站上降低起飞点高度并上传,使飞机自动盘旋下降到操控手能看清飞机的高度。

(9) 遥控飞机进行滑跑降落,或者遥控到合适的位置进行开伞降落。

6.2.3　进场与降落操控

1. 进场操控

1) 进场方式

飞机在机场附近不能随便飞行,必须飞一个矩形航线(立体的),专用术语叫做起落航线。它有五个主要的边。所谓五边,从起降场地上看上去实际上是一个四边形,但是在立体空间中,由于起飞离场边(一边)和进场边(五边)的性质和飞行高度都不同,所以这条边应该分成两段来看,于是就成了五边,如图 6-18 所示。图中一边为离场边;二边为侧风边,方向与跑道成 90°;三边为下风边,方向与跑道起飞方向反向平行;四边为底边,与跑道垂直,开始着陆准备;五边为进场边,与起飞方向相同,着陆刹车。

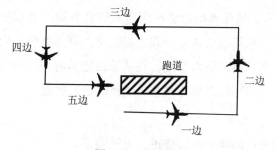

图 6-18　五边进近

固定翼无人机进场通常和有人飞机的进场一样，采用五边进折程序。对于准备进场着陆的无人机来说，五边实际上就是围绕进场飞一圈。当然，由于受航线、风速等条件限制，进场航线不一定要严格地飞完五边，也可以适时从某条边直接切入。

完整的五边进场操作程序如下：

(1) 一边(逆风飞行)：起飞、爬升、收起落架，保持飞机对准跑道中心线飞行。

(2) 二边(侧风飞行)：爬升转弯，与跑道成大约90°角。

(3) 三边(顺风飞行)：收油门，维持正确的高度，并判断与跑道的相对位置是否正确。

(4) 四边(底边飞行)：对正跑道，维持正确的速度和下降速率。

(5) 五边(最后的进场边)：做最后调整，保持正确的角度和速率下降、进场着陆。

2) 正风进场

(1) 进场的组织。具体过程如下：

① 进入较近、较低的第三边(顺风边)。

② 稍微减小油门，控制飞行高度逐渐下降。

③ 到达标志点，开始操纵飞机转弯。

④ 进行第四边(基边)水平转弯。

⑤ 在机身指向跑道的时候，从转弯中彻底改出。

⑥ 利用自身作为参照物让飞机对准跑道。

🔊 **注意**：在开始第四边(基边)转弯之前就要使无人机逐步下降高度，以便能够集中精力完成稳定的水平转弯。

(2) 确保第四边水平转弯。对于整个着陆环节而言，其中最重要的一环就是要让第四边的转弯保持水平，以便能够更容易地完成改出。同时，也让操控者能够集中精力对准跑道进行着陆。

(3) 发现并修正方向偏差。在整个进场过程中，要不断确认无人机和操控手的相对位置关系。在该过程中，升降舵应处于回中的状态。否则，如果升降舵未回中，此时去点碰副翼的话，就可能会导致或加大航线偏差。而且，让升降舵处于回中状态，也可以让无人机保持一定的下降速度，从而保证操控手在整个进场过程中能对无人机进行更好的控制。

(4) 发动机怠速。为了确保飞机能够在跑道上顺利着陆，必须事先确定好发动机进入怠速的最佳时机，例如，从第四边转弯中改出后，进入降落航线，根据飞机速度确定进入怠速的时机，如果速度高则提前进入怠速。在从第四边转弯中改出时要彻底，并尽早让飞机对准跑道，以便有更多的时间来思考究竟应该何时进入怠速。

3) 侧风进场

侧风进场时需要对飞机的航向进行修正，方法通常有两种：

(1) 航向法修正侧风(偏流法)。航向法就是有意让飞机的航向偏向侧风的上风面一侧，机翼保持水平，以使飞行航迹与应飞航迹一致。航向法适用于修正较大的侧风。

(2) 侧滑法修正侧风。向侧风方向压杆，使飞机形成坡度，向来风方向产生侧滑，同时向侧风反方向偏转方向舵，以保持机头方向不变。当侧滑角刚好等于偏流角时，偏流便得到了修正。

2．降落操控

1) 常用降落方式

这部分主要针对的是固定翼回收方式。回收方式可归纳为伞降回收、空中回收、起落架滑跑着陆、拦阻网回收、气垫着陆和垂直着陆回收等类型。有些无人机采用非整机回收，这种情况通常是回收任务设备舱，飞机其他部分不回收。例如，美国的 D-21/GTD-21B 在完成飞行任务后，其任务设备舱被弹射出机体，由 C-130 飞机空中回收。有些小型无人机在回收时不用回收工具而是靠机体某部分直接触地回收筶机，采用这种简单回收方式的无人机通常是机重小于 10 kg、最大特征尺寸在 3.5 m 以下的无人机。例如，英国的 UMACII 飞翼式无人机，完成任务后靠机腹着陆回收。

(1) 起落架轮滑着陆。如图 6-19 所示，这种回收方式与有人机相似，不同之处是：

① 跑道要求不如有人机苛刻。

② 有些无人机的起落架局部被设计成较脆弱的结构，允许着陆时撞地损坏，吸收能量。例如英国的"大鸭" I，这是一种机重为 15 kg，翼展为 2.70 m、机长为 2.10 m 的小型无人机，机身下有着陆滑橇，机翼有翼尖滑橇，翼尖滑橇较脆弱，回收时允许折断，以吸收撞击力。

图 6-19　起落架轮滑着陆

③ 为缩短着陆滑跑距离，有些无人机例如以色列的"先锋"、"猛犬"、"侦察兵"等在机尾加装尾钩，在着陆滑跑时，尾钩钩住地面拦截绳，大大缩短了着陆滑跑距离。一般大型无人机才采用这种方式着陆。

(2) 降落伞着陆。如图 6-20 所示，这是一种较普通的回收方式。降落伞由主伞和减速伞(也称阻力伞)二级伞组成。当无人机完成任务后，地面站发出遥控指令给无人机，使发动机慢车，飞机减速、降高。到达合适飞行高度和速度时，开减速伞，使飞机急剧减速、降高，此时发动机已停车；当无人机降到某飞行高度和速度时，回收控制系统发出信号，使主伞开伞，先呈收紧充气状态，过了一定时间，主伞完全充气；无人机悬挂在主伞下慢慢着陆，机下触地开关接通，使主伞与无人机脱离。这是对降落伞回收过程最简单的描述，省略了中间环节和过程。为尽量减少无人机回收后的损伤，特别是为保护机载任务设备，有些无人机还在机体触地部位安装减震装置，充气袋就是一种常用的减震装置，同时还要考虑到机体着地部位要尽可能远离任务设备舱。

图 6-20　降落伞着陆

(3) 空中回收。使用大飞机在空中回收无人机的方式目前只有美国采用。采用这种回收方式，在大飞机上必须有空中回收系统。无人机除了有阻力伞和主伞外，还需有钩挂伞与吊索和可旋转的脱落机构。大飞机用挂钩挂住无人机的钩挂伞和吊索，用绞盘绞起无人机，空中悬挂运走。这种回收方式不会损伤无人机，但每次回收都要出动大飞机，费用高，对大飞机飞行员的驾驶技术要求也较高。

(4) 拦截网回收。拦截网回收如图 6-21 所示，用拦截网系统回收无人机是目前世界上小型无人机普遍采用的回收方式之一。拦截网系统通常由拦截网、能量吸收装置和自动引导设备组成。能量吸收装置与拦截网相连，其作用是吸收无人机撞网的能量，避免无人机触网后在网上弹跳不停而受损。自动引导设备一般是一部置于网后的电视摄像机，或是装在拦截网架上的红外接收机，由它们及时向地面站报告无人机返航路线的偏差。

图 6-21 拦截网回收

(5) 气垫着陆。在无人机的机腹四周装上"橡胶裙边，中间有一个带孔的气囊，发动机把空气压入气囊，压缩空气从囊孔喷出，在机腹下形成高压空气区——气垫，气垫能够支托无人机贴近地面，而不与地面发生猛烈撞击。20 世纪 70 年代中期，美国用澳大利亚的"金迪维克"无人机作为气垫着陆的研究机，进行气垫着陆项目试验研究，取得较大成绩。气垫着陆的最大优点是，无人机能在未经平整的地面、泥地、冰雪地或水上着陆，不受地形条件限制。此外，不受无人机大小、重量限制，且回收率高，据说可以达到 1 分钟 1 架次的回收速度，而空中回收则是 1 小时 1 架次。

(6) 垂直着陆回收方式。垂直着陆回收方式只需小面积回收场地，因不受回收区地形条件的限制而特别受到军方青睐。这种回收方式有两种类型：

① 多旋翼垂直着陆。这种着陆方式的特点是以旋翼旋转作为获取升力的来源，操纵旋翼的旋转速度，使无人机垂直着陆。

② 固定翼垂直着陆(如图 6-22 所示)。此种垂直着陆方式的特点是以发动机推力直接抵消重力。这种着陆方式又可分成两类，一类是在无人机上配备着陆时用的专用发动机，

图 6-22 垂直固定翼

着陆时，控制机上的主发动机和专用发动机的油门，使其在主发动机推力的垂直分力和专用发动机推力的共同作用下，飞机减速、垂直着陆；另一类是在回收时成垂直姿态，在发动机推力的垂直分力作用下，飞机减速、垂直着陆。

2) 滑跑降落操作

(1) 降落场地的选择。在选择降落场地时，应确保在无人机的平面转弯半径内没有地面障碍物以及无关的人员、车辆等。同时，还应注意以下事项：

① 提前观察好理想的降落场地，不轻易改变，除非有紧急情况发生，比如风向、风速的突然变化。

② 选择降落场地应本着便于回收、靠近公路的原则，既节省时间，又不会无端消耗体力。

③ 尽量避免降落在刚收割的庄稼地里，因为庄稼的茬口会刺破伞布，造成不必要的损失，而且也不易收伞。

④ 尽量降落在新修的公路上、沙土地上，或是未耕种的土地里。

⑤ 在降落前要认真观察拟降场地里有无电线杆，看清电线杆走向，特别对高压线更要避而远之。

(2) 降落操作方法。在即将进入降落航线时，收小油门，根据飞行速度来确定进入对头降落航线的距离。一般情况下，进入对头降落航线后，通常是将油门放到比怠速稍高一点，因为这样可以有充分的时间来判断降落的速度从而确定是否需要复飞。进入降落航线后，根据降落地点的距离，对飞行高度进行适当的调整。既要低速飞行，又要确保不失速。通常来说，在对准航线、离降落点不远的时候就应将油门放到怠速，在即将触地的时候，稍拉杆，让飞机保持仰角着陆。注意，前三点式起落架应以后轮着地，而后三点式起落架则以前轮着地为佳。无风或微风降落时必须时刻注意飞行速度，如果飞机着陆时水平速度过高，很容易导致起落架变形，而且对飞机损伤也较大。

3) 伞降操控

(1) 伞降系统的工作过程。不同无人机伞舱所在的位置不同，开伞条件也不同，所以必须根据具体情况采用不同的开伞程序。这种方式适合小型无人机，通常直接打开主伞减速即可。对于大型无人机，回收系统一般由多级伞组成，减速伞首先打开，让无人机减速和稳定姿态；当飞机速度减小到一定值时，再打开主伞，让飞机以规定的速度和较好的姿态着陆。

(2) 无人机伞降操作流程。无人机比较典型的伞降回收流程通常由以下几个阶段组成：

① 进入回收航线：调整飞行轨迹以及航向，让无人机按预定的航线进入回收场地。

② 无动力飞行段：飞机减速到预定速度时，发出停车指令关闭发动机，飞机作无动力滑翔。

③ 开伞减速段：发出开伞指令，降落伞舱门打开，带出引导伞，然后由引导伞拉出主伞包。主伞经过一定时间的延时收口后完成充气张满，无人机作减速滑行。

④ 飘移段：无人机以稳定的姿态匀速降落。

4) 复飞操纵

(1) 复飞，指的是无人机降落到即将触地着陆前，把油门调到最大位置(TO GA)并把机头拉起重新回到空中重新飞行的动作。

(2) 导致复飞的因素有：天气因素；设备与地面因素；操作人员因素；其他因素，如紧急情况或其他原因导致必须复飞，操控人员对操纵无人机着陆缺乏信心。

(3) 复飞操纵方法。

复飞分为如下三个阶段：

• 复飞起始阶段，从复飞点开始到建立爬升点为止，这一阶段要求操纵人员集中注意力操纵无人机，不允许改变无人机的飞行航向。

• 复飞中间阶段，从建立爬升点开始，飞机以稳定速度上升直到获得规定的安全高度为止。中间阶段无人机可以进行转弯坡度不超过限制值的机动飞行。

• 复飞最后阶段，从复飞中间段的结束点开始，一直延伸到可以重新做一次新的进近(进近是指飞机下降时对准跑道飞行的过程，在进行阶段，要使飞机调整高度，对准跑道从而避开地面障碍物)或回到航线飞行为止。这一阶段可以根据需要进行转弯。

复飞的操作步骤如下：

① 向拉杆的方向点碰一下升降舵，以防飞机触地。

② 加大油门，使飞机恢复爬升，并重飞一圈着陆航线。

复飞时的操作要点如下：

① 由于复飞的时候飞机距离地面的高度比较低，所以，务必要先点碰一下升降舵以确保飞机不再下降。此时如果只顾着去加大油门的话，飞机很有可能会来不及恢复水平飞行。

② 在离地面比较近时，拉升降舵之前首先要确保机翼水平，以防飞机转弯。只要保证机翼水平，即使不采取任何措施，让飞机直接撞到地上，也有可能不产生损伤。

③ 刚开始进入复飞的时候，油门只需要加到 1/4 即可。一般情况下，不要一开始就立刻将油门加到 1/4 以上，以免因为飞行速度过快而出现手忙脚乱的情况。

④ 在出现接地过远的情况时，尽量不要通过向下推升降舵的方法来进行挽救，否则，很容易在俯冲中积累过多的速度和升力，从而导致飞机冲出跑道。

6.3　多旋翼无人机飞行操控

6.3.1　基础操作练习

1. 起飞与降落练习

多旋翼无人机起飞和降落方法——垂直起降：垂直起降利用直升机的原理进行垂直起飞，这种方式飞行器上装有旋翼，依靠旋翼支撑其重量并产生升力和推力。它可以在空中飞行、悬停和垂直起降。起飞与降落是飞行过程中首要的操作，虽然简单但也不能忽视其重要性。首先来看起飞过程。远离飞行器，解锁飞控，缓慢推动油门等待飞行器起飞。这就是起飞的操作步骤，其中推动油门时一定要缓慢，即便是已经推动一点距离，电机还没有启动也要慢慢来。这样可以防止由于油门过大而无法控制飞行器。在飞行器起飞后，不能保持油门不变，而是待飞行器达到一定高度，一般是离地约 1 m 后开始降低油门，并不停地调整油门的大小，使飞行器在一定的高度范围内徘徊。这是因为有时油门稍大使飞行器上升，油门稍小又使飞行器下降，这样就必须将油门徘徊在这个范围内才可以保持飞行器高度。

降落时，同样需要注意操作顺序：降低油门，使飞行器缓慢靠近地面，离地约 5～10 cm 处时稍微推动油门，降低下降速度，然后再次降低油门直至飞行器触地(触地后不得推动油门)，油门降到最低，锁定飞控。相对于起飞来说，降落是一个更为复杂的过程，需要反复练习。

在降落和起飞的操作中还需要注意保证飞行器稳定，飞行器的摆动幅度不可过大，否则降落或起飞时，有打坏螺旋桨的可能。

2. 升降练习

简单的升降练习不仅可以锻炼对油门的控制，还可以让初学者学会稳定飞行器的飞行。在练习时注意场地需要有足够的高度，最好在户外进行操作练习。

1) 上升练习

上升过程是飞行器螺旋桨转速增加，飞行器上升的过程。这个过程主要的操作杆是油门操作杆(美国手左侧摇杆的前后操作杆为油门操作，日本手右侧摇杆的前后操作杆为油门操作)。练习上升操作时，(假设已经起飞)缓慢推动油门，此时飞行器会慢慢上升，油门推动越多(不要把油门推动到最高或接近最高)，上升速度越大。在上升达到一定高度或者上升速度达到自己可控操作的限度时停止推动油门，这时，会发现飞行器依然在上升。若想停止上升，必须降低油门(同时注意，不要降低得太猛，保持匀速即可)直至飞行器停止上升。然而这时会发现飞行器开始下降，这时又需要推动油门让飞行器保持高度，反复几次操作后飞行器即可稳定。这就是整个上升过程。

2) 下降练习

下降过程同上升过程正好相反。下降时，螺旋桨的转速会降低，飞行器会因为缺乏升力开始降低高度。在开始练习下降操作前，应确保飞行器已经达到了足够高的高度！在飞行器已经稳定悬停时，开始缓慢拉下油门。注意，不能将油门拉得太低！在飞行器有较为明显的下降时，停止拉下油门摇杆。这时飞行器还会继续下降。同时，注意不要让飞行器过于接近地面！在到达一定高度时开始推动油门迫使飞行器下降速度减慢，直至飞行器停止下降。这时会出现与上升操作时类似的状况，飞行器开始上升，这时又需要降低油门，保持现有高度。经过反复几次操作后飞行器才会保持稳定。

在这个过程中如果下降高度太多，或者快要接近地面，但是飞行器还无法停止下降，需要加快推动油门的速度(操作者可以自行考量应该多快才合适)。但是要注意查看飞行器姿态，若过于偏斜，则不可加速推动油门，否则会有危险。

在这里可以看出飞行器的下降不同于上升过程。因为上升时需要的是螺旋桨的转速提供的升力，而且在户外，一般没有上升的限制，而下降则不同，螺旋桨提供的升力成了辅助用力，下载过程主要靠重力作用在下降。所以对于下降来说更难以操作，需要多加练习才可以很好地掌握。

3. 俯仰练习(前行与后退)

俯仰操作也是飞行的基本操作。俯仰操作用于飞行器的前行和后退，保证飞行器正确飞行。

1) 俯冲练习

俯冲操作时，飞行器机头会略微下降，机尾会抬起。对应于螺旋桨的转速则是机头两个螺旋桨转速下降，机尾螺旋桨转速提高，随之螺旋桨提供的力就会与水平面有一定的夹角。这样一来，不仅可以给飞行提供了抵消重力的升力，而且提供了前行的力。这时升力也会减小，所以飞行器高度会降低，可以适当推动油门。

操作俯冲的摇杆(美国手遥控器是右侧摇杆，而日本手遥控器是左侧摇杆)，只要往前推摇杆，飞行器就会俯冲前行。同样在俯冲前行时需要注意，开始俯冲时让飞行达到一定高度。对于新手，飞行最好离地约一人高以上的距离，并且确认飞行器前行的"航线"上没有任何障碍物(并确保飞行时也不会有障碍物移动到飞行器前方或附近)。飞行时轻推摇杆，飞行器即开始向前飞行。推动摇杆的幅度越大，则飞行器前倾的角度就越大，前行速度也越大。但是在摇杆推动的幅度过大时，机头部分的两个螺旋桨有可能会过低，导致飞行器翻跟头，或者直接"坠机"(有自稳的飞行器一般不会出现这种状况，但也不要轻易尝试)。所以在推动摇杆俯冲时，推动幅度不能过大，一般只要飞行器开始前行时即可停止推动，保持摇杆现在的位置，让飞行器继续向前飞行。同样，在飞行时需要使用其他摇杆来保持飞行方向。

2) 上仰练习

上仰操作与俯冲操作类似，只不过需要将摇杆从中间位置向后拉动。在拉动的过程中，飞行器尾部两个螺旋桨会减缓转速，机头两个螺旋桨会加快转速。然后会出现与俯冲操作相类似的现象，只不过飞行器会向后退行。所以，在练习操作时需要确保飞行器后退的路线上没有任何障碍物，包括操作者自己也不要站在飞行器后面，以免发生意外。确保一切安全后就可以开始操作练习了。缓慢拉下摇杆，使得飞行器开始退行时停止拉动摇杆。这时飞行器会继续退行。当退行一定距离后，缓慢推动摇杆，直到摇杆恢复到中间位置时停止推动，这样飞行器就会停止退行。至此，上仰练习完成。

4. 偏航练习

偏航练习是用于学习飞行器改变航向的练习。在飞行过程中改变航向也是一个非常常用且基本的操作。

1) 左偏航练习

左偏航练习是在飞行器前行时，使得飞行器向左偏转的操作(类似于汽车转弯)。在进行偏航操作时，使用到的摇杆是油门摇杆，但是只有左右方向的才是偏航操作。在左偏航时，摇杆轻轻向左侧摆动。当摆动摇杆以后，飞行器的机头会开始转向。其实在飞行器没有使用俯仰操作时，直接摇动摇杆偏航，飞行器会原地旋转(类似于陀螺)，转动方向与摇杆打偏的幅度有关系，摇杆偏离中心位置越大，转动速度越快(当然为了不出意外，还是不要尝试偏离太多)。同样在练习时我们需要练习两种模式：

第一种，左转弯，这项操作需要使用俯仰操作来配合。首先需要使用俯仰操作让飞行器前行，然后缓慢将油门杆向左打一点，然后停止操作(保持现在的摇杆位置)。这时候可以观察到飞行器已经开始向左转弯。保持摇杆位置大约 2～4 秒即可将油门杆的左右方向回中，右侧的方向摇杆全部回中。这就是"左转弯"操作。

第二种，逆时针旋转，这一步操作说起来很简单，只需要将油门杆拨动到一侧即可。但是在旋转时有可能无法保持油门杆在正确的位置(飞行器会到处乱跑)，所以在左旋转操作时需要慢慢来。首先，需要将油门杆轻微拨动一下，看到飞行器开始有轻微旋转时停止拨动，保持现有位置。这时飞行器会慢慢开始转动，同时，应该注意飞行器的飞行方式，如果感觉有些控制不住，立刻松开油门杆，让油门杆自动回中。同时，准备控制方向杆控制飞行器的位置。如果发现飞行器在旋转则需要拨动油门摇杆。

操作飞行器旋转一圈后即可算是完成了旋转的练习。

2) 右偏航练习

右偏航练习同左偏航练习类似，只是需要将摇杆向右侧打。同样也需要两种练习，即右转弯和旋转。在此提醒读者，左偏航和右偏航练习时，来回交替练习更好。例如，左转弯以后紧接着右转弯，左旋转后是顺时针旋转，这样来回交替练习效果更好。

5．翻滚练习

此处翻滚练习所说的翻滚，不是让飞行器真的翻滚，而是让飞行器有些许的倾斜。而所谓真的翻滚是后面要练习的高级特技动作。其实应该说这里的翻滚练习是侧飞练习，因为这里的操作会使得飞行器侧向移动。

1) 左侧翻滚练习

左侧翻滚练习需要将方向杆向左侧拨动(将方向杆向左侧打)。将方向杆轻微向左侧拨动，飞行器左侧两个螺旋桨的转速就会下降。这时会发现飞行器开始倾斜，并且飞行器会向左侧飞行。等待飞出一定距离以后，将方向杆回中。这样就完成了一次左侧翻滚练习。同样的，在练习时需要选择场地，飞行器活动范围内应保证没有任何障碍物(或者无任何"活物")。

2) 右侧翻滚练习

右侧翻滚练习和左侧翻滚练习类似，只是将方向杆向右侧拨动。同样，将方向杆打向右侧(少量即可，不可多打)，飞行器右侧的螺旋桨会降低转速，机身会呈现右侧高度降低的状态。这样，飞行器开始向右侧飞行。注意飞行器不能碰到任何障碍物，飞行一段距离后，将摇杆回中，停止飞行。这样就完成了一次右侧翻滚练习。

6.3.2　日常飞行练习

学会了基本操作，并不一定就能熟悉飞行器的飞行方式，所以还需要大量的其他操作练习，如本部分介绍的日常飞行练习。将日常飞行练习做好，可以了解和熟悉飞行器的飞行方式，从很大程度上提高对飞行器操控的感觉。

1．悬停

悬停是一项比较基本而且微操作较为复杂的操作。需要强调一下，悬停操作需要达到的要求有：保持飞行器高度不变，保持飞行不会出现前移后退，保持飞行器不会左右摇摆。可以说悬停操作是几个日常操作练习中最为复杂的一项。学会了悬停，可以很好地进行飞行器和遥控器的微调。所以在练习时要认真体验这里的操作，为以后的操作打下调试的基础。

悬停操作看上去很简单，但是由于飞控中的程序自行调整时有些不准确(原因可能是传感器不灵敏，或内嵌程序算法上有些不太好，也有可能是遥控器的中点没有校准好)，所以，在油门固定，而且其他摇杆都不动的情况下，飞行器有可能会不停地乱飞，当然速度较慢(如果在遥控器没有校准好的情况下，这样操作飞行比较危险)。说到底，悬停操作需要凭感觉，当然就是需要多练习。悬停的操作步骤也很简单，当飞行器达到一定高度时保持飞行器高度，并保持飞行器不会偏移(其实多少都有一点变化，只要控制到一定程度即可)。具体如何操作，笔者不便于细说，因为对于不同飞行器和不同的遥控器会有不同的微妙变化，只有读者自己慢慢体验才可以掌握。

2. 直线飞行

直线飞行是一个相对简单的操作，理论上来说，只需要推动方向杆即可。但是实际情况下不会这么简单。同样由于飞控的传感器和算法的问题，有时候是因为有风的缘故，飞行器不会完全按照遥控器的操作来完成动作。所以这时需要调整遥控器的操作，保证飞行器在沿直线飞行。不过需要注意，在俯仰摇杆推动或拉下来的幅度过大的时候，飞行器就有下降的趋势，甚至有时候在幅度过大时会直接冲向地面。所以在进行操作时要注意安全。

3. 曲线飞行

曲线飞行就是让飞行器沿着一条曲线飞行。可以是沿着 Z 字型或 S 型的路线飞行，这样的飞行方式不单单是为了好玩，而是为了锻炼读者自由操控飞行器的方式与感受飞行器的飞行状况。其主要原因是在空中飞行的方式会有别于我们在地面上移动的方式，类似于"违反常识"的感觉。所以需要反复练习操作方式并感受飞行器的飞行规律。

曲线飞行操作肯定有别于直线飞行，当然也比直线飞行要复杂得多。首先，明确飞行路线，确保油门摇杆控制飞行器的朝向，使用方向摇杆让飞行器开始前进飞行。这样的运动的组合变成了曲线飞行的路径。

不过，这只是一种曲线飞行的方式，因为四轴的特殊结构，在曲线飞行中还有另外一种方式。之前的曲线飞行是在不停地改变机头的朝向，而这种方式是利用侧向飞行来实现机头不变的曲线飞行。所以说在曲线飞行时我们还有第二种练习方式：首先使用油门摇杆控制飞行器高度，并保持机头方向不变；使用方向摇杆控制飞行器的前进和侧向飞行(类似于在走路时，步子是向侧前方迈出)。逐步控制即可完成机头方向不变的曲线飞行。在练习了前进方向的飞行后，可以试着练习后退时的曲线飞行。不过需要注意，如果还不太熟练飞行器方向控制时最好先不要练习这种飞行，待熟悉了飞行器的飞行方式的控制时再进行练习，否则会有一定的危险。

4. 爬升练习

爬升练习类似于爬坡，主要是在飞行器前行的基础上提高飞行器的高度。相对来说这个操作较为简单。在操作时，需要在推动方向摇杆使飞行器前进的同时，加大油门(油门大小视情况而定)，这样在飞行时飞行器就会按照一个斜坡的方式开始爬升。等到爬升到一定高度的时候，停止爬升，接下来就可以做下降练习。

在爬升时需要注意，当开始推动方向杆的时候，飞行器前段下沉，同时有可能因此失去必要的升力。这时飞行器会开始下降(并开始前行，在直线飞行时，大家可能会体验到)，所以这时候需要加大油门。而到了最高点时，如果仅仅是将方向摇杆恢复到中心位置，飞行器还继续上升，这时需要适当地降低油门。

5. 下降练习

下降练习与爬升练习相似，只不过这时需要降低高度，也就是降低油门。操作方式与上升也相似，向前推动方向摇杆，适当地拉下油门摇杆(有一点幅度即可，新手注意不宜拉得过多)，这时会看到飞行器开始降低高度。

在飞行时需要注意，下降的最低限度是距离地面一人高以上，因为在最后停止下降时会有新手无法控制的一个阶段，要给自己留下一些控制余地，不要一降到底，不然这样的操作方式很有可能毁坏飞行器。

第7章 飞行后的检查与维护

本章学习目标

➢ 能够正确检查油量，能够正确检查电气、电子系统。

➢ 能够正确检查机体、机械系统，能够正确检查发动机。

➢ 能够对飞行后的无人机进行电气、机体、发动机维护。

　　无人机在结束飞行后，必须进行全面的检查和维护，以确保无人机后续飞行的安全。这些是无人机操控师需要掌握的基本技能。本章包括两节内容，第一节为飞行后的检查(油量检查、计算、记录、电气电子系统检查及记录、机体检查及记录、机械系统检查及记录、发动机检查及记录)，第二节为飞行后的维护(发动机维护、机体维护、电气维护)。本章涉及的内容仅对常用典型设备及场景进行介绍，其他情况可借鉴执行。

7.1　飞行后的检查

7.1.1　油量检查、计算、记录

1. 油位查看

　　(1) 油箱。早期航空模型发动机大都自带简单油箱，这给使用者带来很大方便。随着模型飞机种类的增加和无人机的发展，发动机自带油箱已不能满足要求，需要专门制作合适的油箱。

　　(2) 油箱安装位置。油箱应尽量靠近发动机，以减少无人机飞行姿态变化时油箱液位的变化量。油箱装满混合油后的油面应与发动机汽化器喷油嘴或喷油管中心持平或稍低。

　　(3) 油量读取。对于没有刻度的油箱，首先需通过手摇泵、电泵或注射器把油箱内的

油转入量杯内，通过读取量杯的示值来获得油量值。对于有刻度的油箱，直接读取油箱上的刻度即可获得油箱中的油量值。

2．油量计算

通过量杯或油量表获得剩余燃油油量后，可以计算出飞行时间。计算公式如下：

$$无人机实际耗油量(kg) = 千克推力 \times 耗油率 \times 飞行小时$$

$$无人机飞行后的油耗 = 飞行前油箱油量 - 飞行后油箱油量$$

$$无人机每小时耗油量(kg) = \frac{飞行后油耗}{飞行时间}$$

$$无人机可飞行时间 = \frac{飞行后油箱油量}{每小时耗油量}$$

【例题】　如果无人机飞行前的油量为 3 kg，飞行了 1 h 后，油箱内剩余油量为 1 kg，问无人机还能飞行多久？

解：

$$无人机飞行后的油耗 = 飞行前油箱油量 - 飞行后油箱油量 = 3\,kg - 1\,kg = 2\,kg$$

$$无人机每小时耗油量(kg) = \frac{飞行后油耗}{飞行时间} = \frac{2\,kg}{1\,h} = 2\,kg/h$$

$$无人机可飞行时间 = \frac{飞行后油箱油量}{每小时耗油量} = \frac{1\,kg}{2\,kg/h} = 0.5\,h$$

7.1.2　电气、电子系统检查及记录

1．无人机电源电压检查

1）无人机常用电池

无人机上的供电设备，除了专用电源外，蓄电池还广泛地用于无人机启动引擎和辅助动力装置，也为必要的航空电子控制设备提供支撑电源，为保障导航设备和飞行线路计算机做不间断电源，鉴于这些功能对执行飞行任务都非常重要，所以对于无人机电源首要的要求是安全可靠，性能必须稳定耐久，能为无人机在各种应急环境下维持航行控制系统工作提供支持。目前应用在无人机上的电源主要有太阳能电池和锂离子电池等。

(1) 锂电池。锂电池用于小型无人机电力发动机。

(2) 蓄电池。当需要更大的功率时就从蓄电池里提取能量。

(3) 太阳能电池。太阳能无人机是利用太阳光辐射能作为动力在高空连续飞行数周以上的无人驾驶飞行器，它利用太阳能电池将太阳能转化为电能，通过电动机驱动螺旋桨旋转产生飞行动力。白天，太阳能无人机依靠机体表面铺设的太阳能电池将吸引的太阳光辐

射能转换为电能，维持动力系统、航空电子设备和有效载荷的运行，同时对机载二次电源充电；夜间，太阳能无人机释放二次电源中储存的电能，维持整个系统的正常运行。

2) 蓄电池编号规则

蓄电池的型号都是按照一定标准来命名的，在国内市场上使用的蓄电池型号主要是按照国家标准以及日本标准、德国标准和美国标准等命名的，下面介绍如何识别各类电池的编号。

(1) 国家标准蓄电池的识别。以型号为 6-QAW-54a 的蓄电池为例，说明如下：

——6 表示由 6 个单格电池组成，每个单格电池电压为 2 V，即额定电压为 12 V。

——Q 表示蓄电池的用途，Q 为汽车启动用蓄电池、M 为摩托车用蓄电池、JC 为船舶用蓄电池、HK 为航空用蓄电池、D 表示电动车用蓄电池、F 表示阀控型蓄电池。

——A 和 W 表示蓄电池的类型，A 表示干荷型蓄电池，W 表示免维护型蓄电池，若不标出则表示普通型蓄电池。

——54 表示蓄电池的额定容量为 54 A·h，指充足电的蓄电池，在常温下，以 20 h 进行(度量蓄电池放电快慢的参数)放电，蓄电池对外输出的电量。

——a 表示对原产品的第一次改进，名称后加 b 表示第二次改进，以此类推。

(2) 日本 JIS 标准蓄电池的识别。在 1979 年时，日本标准蓄电池型号用日本 Nippon 的 N 为代表，后面的数字是电池槽的大小，用接近蓄电池额定容量的数字来表示，如 NS40ZL，其各项含义如下：

——N 表示日本 JIS 标准。

——S 表示小型化，即实际容量比 40 A·h 小，为 36 A·h。

——Z 表示同一尺寸下具有较好的启动放电性能，如为 S，则表示极柱端子比同容量蓄电池要粗，如 NS60SL。

📢 注意：一般来说，蓄电池的正极和负极有不同的直径，以避免将蓄电池极性接反。

——L 表示正极柱在左端，R 表示正极柱在右端，如 NS70R。(注：从远离蓄电池极柱方向看)

到 1982 年，日本标准蓄电池型号按照新标准来执行，如 38B20L(相当于 NS40ZL)，其中：

——38 表示蓄电池的性能参数。数字越大，表示蓄电池可以存储的电量就越多。

——B 表示蓄电池的宽度和高度代号。蓄电池的宽度和高度组合是由 8 个字母中的一个表示的(A 到 H)，字符越接近 H，表示蓄电池的宽度和高度值越大。

——20 表示蓄电池的长度约为 20 cm。

——L 表示正极端子的位置，从远离蓄电池极柱看过去，正极端子在右端的标为 R，正极端子在左端的标为 L。

(3) 德国 DIN 标准蓄电池的识别。以型号为 61017MF 的蓄电池为例，说明如下：

——开头为 5 表示蓄电池额定容量在 100 A·h 以下，开头为 6 表示蓄电池容量在 100 A·h 与 200 A·h 之间；开头为 7 表示蓄电池额定容量在 200 A·h 以上。例如 61017MF 蓄电池额定容量为 110 A·h。

——容量后两位数字表示蓄电池尺寸组号。

——MF 表示免维护型。

(4) 美国 BCI 标准蓄电池的识别。以型号为 58430(12 V、430 A、80 min)的蓄电池为例，说明如下：

——58 表示蓄电池尺寸组号。

——430 表示冷启动电流为 430 A。

——80 min 表示蓄电池储备容量为 80 min。

如果说无人机上的油路如同人体内的血管，那么无人机上的电路就应该比作人体内的神经，给机体内神经(无人机上的电路)提供动力的则是蓄电池。因此需要通过对无人机蓄电池类别和型号的认识，选择一款最为合适的电源。

3) 电源电压的检查

对于无人机飞行后的电量检查，主要包括机载电源和遥控器电源电压与剩余电量的检查，其中机载电源包括点火电池、接收机电池、飞控电池和航机电池。

(1) 根据蓄电池的标准读取编号并进行记录。

(2) 拔下控制电源、驱动电源、机载任务电源等快接插头；将快捷便携式电压测试仪的快接插头连接到上述各个电源快接插座上；读取数字电压表数值；记录数字电压表数值，如果飞行前电压是 7 V，飞行后电压是 6 V，则说明电池运行正常，若飞行后电压是 4 V，超出了蓄电池的正常工作电压，则说明电池已损坏，需及时更换。

2. 电子系统运行检查

无人机上装有自动驾驶仪、遥控装置等电子系统，无人机上电后，要观察各个电控装置运行是否正常，各指示灯显示是否正常。具体检查内容主要包括：

(1) 检查绝缘导线标记及导线表面质量与颜色是否符合相关要求。

(2) 用放大镜检查芯线有无氧化、锈蚀和镀锡不良现象，端头剥皮处是否整齐、有无划痕等。

(3) 检查线路布设是否整齐、无缠绕，若有问题要详细记录。

(4) 检查电池与机身之间是否固定连接，接收机、GPS、飞控等机载设备的天线安装是否稳固，接插件连接是否牢固。

7.1.3 机体检查及记录

1. 机体外观检查

1) 无人机机体结构及损伤

无人机机翼翼梁采用主梁和翼型隔板结构，受力蒙皮机普遍设计成玻璃钢结构。玻璃钢材料的特点是韧性好，裂纹扩散较慢，出现裂纹后容易发现。

2) 机体检查

进行机体检查前把机体水平放置于较平坦的位置，逐一检查机身、机翼、副翼、尾翼等有无损伤，修复过的地方应重点检查；逐一检查舵机、连杆、舵角、固定螺钉等有无损伤、松动和变形；检查中心位置是否正确，向上提伞带使无人机离地，模拟伞降，看无人机落地姿态是否正确。

2. 部件连接情况检查

1) 各分部件检查

(1) 弹射架的检查。采用弹射起飞的无人机系统，应检查弹射架(见表 7-1)。此处弹射架特指使用轨道滑车、橡皮筋的弹射机构。

表 7-1　弹射架检查内容

检查项目	检查内容
稳定性	支架在地面的固定方式应因地制宜，有稳固措施，用手晃动测试其稳定性
倾斜性	前后倾斜度应符合设计要求，左右应保持水平
完好性	每节滑轨应紧固连接，托架和滑车应完好
润滑性	前后推动滑车进行测试，应顺滑；必要时应涂抹润滑油
牵引绳	牵引绳与滑车连接应牢固，牵引绳应完好、无老化
橡皮筋	应完好、无老化，注明已使用时间
弹射力	根据海拔高度、发动机动力，确定弹射力是否满足要求，必要时测试拉力
锁定机构	用手晃动无人机机体，测试锁定状态是否正常
解锁机构	应完好，向前推动滑车，检查解锁机构工作是否正常

(2) 起落架部件的目视检查。无论是日常维护，还是定期检查，检查质量的高低直接影响到无人机的安全性，检查质量高会杜绝许多安全隐患。

首先，严格按照工作单卡来进行检查，增强责任心，提高检查标准，做到眼到、手到。比如，在检查起落架的一些拉杆、支撑杆、支架等部件时，要用手推拉晃动结合目视进行检查。

由于无人机在着陆过程中，起落架受到地面冲击载荷的作用，一些紧固件会松动或丢失，从而加速磨损和损坏，因此，在目视检查时一定要认真仔细，有些紧固件是有油漆封标志的，检查时若发现错位，紧固件必然松动。

2) 部件连接检查

部件连接情况的检查主要是检查无人机机身、机翼、尾翼和起落架之间的连接是否松动，紧固是否牢靠。

(1) 逐一检查机翼、尾翼与机身连接件的强度、限位是否正常，连接结构部分是否有损伤。

(2) 检查螺旋桨是否有损伤，紧固螺栓是否拧紧，整流罩安装是否牢固。

(3) 检查空速管安装是否牢固，胶管是否破损、无老化，连接处是否密闭。

(4) 检查降落伞是否有损伤，主伞、引导伞叠放是否正确，伞带是否结实、无老化。

(5) 检查伞舱的舱盖是否能正常弹起，伞舱四周是否光滑，伞带与机身连接是否牢固。

(6) 检查外形是否完好，与机身连接是否牢固，机轮旋转是否正常。

7.1.4 机械系统的检查及记录

1. 舵机的检查

舵机需要检查的位置有：

(1) 舵机输出轴正反转之间不能有间隙，如果有间隙，需用旋具拧紧其顶部的固定螺钉。

(2) 舵机旋臂与连杆(钢丝)之前的连接间隙应小于 0.2 mm，即连杆钢丝直径与旋臂及舵机连杆上的孔径要相配。

(3) 舵机旋臂、连杆、舵面旋臂之间的连接间隙也不能太小，以免影响其灵活性。

(4) 舵面中位调整，尽量通过调节舵机旋臂与舵面旋臂之间连杆的长度，使遥控器微调旋钮中位、舵机旋臂中位与舵面中位对应，微小的舵面中位偏差再通过遥控器上的微调旋钮将其调整到中位。尽量使微调旋钮在中位附近，以便可在现场临时进行调整。

2. 舵面的检查

(1) 检查舵面经过飞行后是否有破损，如有破损，破损程度小可以用膜材料和黏合剂修复，破损程度大的则需要更换。

(2) 检查舵面骨架是否有损坏，如果损坏，建议更换。

(3) 检查舵面与机身连接处转动是否灵活或是否脱离，有脱离的应用相应的材料进行连接。

7.1.5 发动机检查及记录

1．发动机固定情况的检查

固定发动机的螺钉常用圆柱头螺钉和半圆头螺钉，最好用圆柱头螺钉，也可用一字槽圆柱头螺钉或内六角圆柱头螺钉。发动机带有消声器及螺钉直径较大时，最好用内六角圆柱头螺钉。

2．螺旋桨固定情况的检查

对于所有类型的螺旋桨，在飞行前都要对螺旋桨桨毂附近进行润滑油和油脂的泄漏检查，并检查整流罩以确保安全。整流罩是一个典型的非运转部件，但必须安装到位，以产生适当的冷却气流。还要检查桨叶过量的松动(但要注意有些松动被称为桨叶微动，属于设计中固有的)，无论何时在螺旋桨及其附近工作时，要避免进入螺旋桨旋转的弧形区域内。

3．发动机的检查

(1) 首先进行直观检查，了解这台发动机的型号和以往使用、存放情况、新旧程度以及主要问题。

(2) 检查发动机的清洁程度，对于发动机来说，清洁是非常重要的。只要有哪怕是极少的脏物或沙土进入发动机内部，运转后都会引起发动机的严重磨损。检查时，应从排气口和进气口等地方着手；发动机的外部也应保持干净，因为粘在外面的脏物很容易掉入发动机内部，一定要加以擦拭和清洗，去除油污、脏物或沙土。

(3) 检查有无零件缺少和损坏，根据发动机说明书或前面介绍的内容进行检查。发现零件缺少或损坏，应设法配齐、调换或修理。容易短缺的零件有桨帽、桨垫、油针和调压杆等。容易损坏的部位包括油针(针尖弯曲、油针和油针体脱焊松动等)、各处螺纹配合(松动或滑牙)和缸体与活塞的配合(漏气)等。

(4) 检查各个零件的安装是否正确与牢固，容易装错的地方是喷油管上的喷油孔方向。如喷油管上只有一个喷油孔，此孔应对向曲轴，不能对着进气气流(这会使油喷不出来)；有的喷油管上有两个喷油孔，应使这两个孔都正对进气管管壁。如转动曲轴而活塞不动，这往往是连杆下端没有套上曲柄销或是连杆折断等原因引起的，此时应拧下机匣后盖进行检查。容易拧得不牢或不紧的地方是气缸或气缸头和机匣的连接处，以及机匣后盖和机匣的连接。

7.2 飞行后的维护

7.2.1 电气维护

1. 无人机电源的更换

无人机上电源电量不足时，需要把耗完电的电池组从电池仓中拆卸下来，将已充好电的电源安装上去。

2. 无人机电源的充电

将拆卸下来的电源连接至充电器，充电指示灯正常，按规定时间充好电后，拔下充电器，将充好电的电池放到规定位置备用。

3. 电气线路的检测与更换

(1) 检查连接插头是否松动。

(2) 更换破损老化的线路。

(3) 使用酒精擦拭污物，防止引起短路。

(4) 对焊点松脱处进行补焊。

7.2.2 机体维护

1. 机体的清洁保养

无人机腐蚀的控制和防护是一项系统工程，其过程包括两个方面：补救型控制和预防性控制。补救型控制是指发现腐蚀后再设法消除它，这是一种被动的方法。预防性控制是指预先采取必要的措施防止或延缓腐蚀损伤扩展及失效的进程，尽量减小腐蚀损伤对飞行安全的威胁。腐蚀的预防性控制又分设计阶段、无人机制造阶段和使用维护阶段。因此，无人机腐蚀的预防性维护也是保证无人机的安全性与耐久性的一项重要任务。下面主要介绍预防无人机腐蚀的外场维护方法。

1) 定期冲洗无人机表面的污染物

无人机在使用过程中不可避免地会积留沙尘、金属碎屑以及其他腐蚀性介质。由于这些物质会吸收湿气，加重局部环境腐蚀，因此，必须清除污物，定期清洗无人机，保持无人机表面洁净。定期冲洗去除无人机表面的污染物是一种简便的、有效的外场腐蚀措施。

(1) 无人机机体的冲洗。冲洗机体不仅美化了无人机形象，而且也减少了产生腐蚀的外因。冲洗能去除堆积在无人机表面上的腐蚀性污染物(如无人机飞行期间所接触到的废气、废水、盐水及污染性尘埃)，从而减少了腐蚀。无人机的冲洗要遵循以下原则：

① 冲洗无人机所用的清洗剂为维护手册所指定的清洗剂，应是对漆膜不会带来有害影响的水基乳化碱性清洗剂、溶剂型清洗剂。要严格掌握清洗剂的使用浓度，使用不合适的或配制不当的清洗剂会产生新的腐蚀。

② 用清水彻底清洗无人机表面和废气通道的内部区域。若气温在零度以下，则不能用水清洗，应使用无水、清洁的溶剂清洗表面，然后用清洁的布擦拭干净。

③ 在天气炎热时，应尽可能在阴凉通风的地方清洗无人机，以减少机体表面裂纹的出现。

④ 在冲洗过程中，会冲洗到部分的润滑油、机油、密封剂和腐蚀抑制化合物，同时高压软管有可能将冲洗液冲进缝隙和搭接处，从而带来新的问题。因此，无人机冲洗后应重新加润滑油。重新加、涂润滑油的周期将受冲洗次数和清洗液的清洗强度的影响。要十分注意彻底清洗和干燥缝隙处与搭接处。

⑤ 冲洗次数要适度，不是"多多益善"。无人机的冲洗周期由飞行环境和无人机被污染的程度决定。

(2) 酸、碱的清除。酸、碱来自于电池组仓内(充电和维护过程)，来自于日常维护工作中广泛使用的酸性、碱性腐蚀产物去除剂和无人机清洗剂等。

① 酸的清除。金属表面的褪色及金属表面呈白、黄、褐色等迹象(不同的酸溢到不同金属表面上，沉积色不同)，表明可能受到酸侵蚀并应立即调查落实，可采用 20%小苏打溶液中和。

② 碱的清除。可采用 5%醋酸溶液或全浓度食醋，用刷子或抹布涂敷在碱外溢区以中和碱的作用。

注意事项：

① 对接缝和搭接处要倍加注意。
② 若酸碱腐蚀物已侵蚀到接缝和搭接处，应施以压力冲洗。
③ 清洗并干燥酸碱腐蚀物外溢区域后，应涂敷缓蚀剂。

2) 加强润滑

接头摩擦表面、轴承和操纵钢丝的正常润滑十分重要，对于高压冲洗或蒸汽冲洗后的再润滑液也不容忽视。润滑剂除了能有效防止或减缓功能接头和摩擦表面的磨蚀外，对静态接头的缝隙腐蚀的防止或减缓作用也很大。对于静态接头，在安装时应使用带缓蚀剂的润滑脂包封。

3) 保持无人机表面光洁

无人机表面的光洁与否，将直接影响到机件的腐蚀速率。表面如果粗糙不平，与空气接触面积将会增大，也会加大尘埃、腐蚀性介质和其他脏物在表面的吸附，从而促进腐蚀的加快。

2. 机翼、尾翼的更换

机翼、尾翼与机身连接件的强度、限位不正常，连接结构部分有损伤时，需要对机翼、尾翼进行更换。更换步骤如下：

(1) 将机身放置于平整地面，拧下尾翼螺钉，卸下已经损害的尾翼、尾翼插管及定位销。

(2) 安装新的尾翼插管及定位销，安装尾翼并固定尾翼螺钉。

(3) 将与机翼连接的副翼线缆与空速管断开。

(4) 拧下机翼固定螺钉，卸下已经损害的机翼及中插管。

(5) 安装完好中插管及机翼后，应固定机翼螺钉。

(6) 连接空速管及副翼舵机。

3. 起落架的更换

因无人机在着陆过程中起落架受到地面冲击载荷的作用，一些紧固件会松动或丢失，从而加速磨损和损坏。除此之外，因起落架起落次数多，或者装载质量重，也会使部件产生疲劳裂纹，使裂纹扩展。起落架损坏过于严重时，需要对其进行更换。更换步骤如下：

(1) 松开起落架与机身底部的螺钉。

(2) 取下起落架。

(3) 修整起落架或更换新的起落架。

(4) 更换已经磨损的轮子。

(5) 将修好或新的起落架重新用螺钉固定到机身底部。

7.2.3　发动机的维护

1. 发动机的拆装

首先应准备好工具。此外还要有一个盛放拆卸下来的零件及螺钉的盒子，防止零件及螺钉等碰坏或丢失。

(1) 先将无人机机身固定，用相关工具卸下连接发动机和无人机机体的螺钉，并将螺钉、螺帽、垫片等放于盛放零件的盒子内。

(2) 螺钉都拆卸完后，把发动机从无人机机身中拿出，放于平坦处。

(3) 发动机完成维护保养后，将发动机安装回原位。

2．螺旋桨的更换

螺旋桨的安装过程是：将螺旋桨装在发动机输出轴前部的两个垫片间，转动曲轴使活塞向上运动并开始压缩，同时将螺旋桨转到水平方向，然后用扳手(不能用平口钳)拧紧桨帽，并将螺旋桨固定在水平方向上。经验证明，螺旋桨固定在水平方向上有利于拨桨启动；当无人机在空中停车后，活塞被气缸中气体"顶住"不能上升，螺旋桨也就停止在水平位置上，这就大大减少了模型下滑着陆时折断螺旋桨的可能性。因此，要养成在活塞刚开始压缩时将螺旋桨装在水平方向的习惯。注意不要将螺旋桨装反了，桨叶切面呈平凸形，应将凸的一面靠向前方。

模拟器的使用

飞行器、无人机的初期练习使用开销比较大，因为新手刚刚开始使用时很容易毁掉自己的航模或无人机。如果新手从实体的航模练习飞行需要一个很大的开销，一般人不容易负担得起。但是在现代数字化的生活崛起后，电脑上有了模拟航模的软件。这样只需要一次性的开销，就可以让新手掌握简单的飞行技巧，也可以让那些还没有接触航模飞行的人体验飞行的乐趣。

本章学习目标

➢ 了解常用的飞行模拟软件。
➢ 熟练掌握国产凤凰模拟器的安装及相关设置。
➢ 能熟练利用模拟软件完成飞行器的控制。

8.1 常用模拟器介绍

常用模拟器主要有 RealFlight 、Reflex XTR、Aerofly、Phoenix(凤凰)等。

8.1.1 RealFlight

RealFlight 是目前普及率最高的一款模拟飞行软件，它具有拟真度高、功能齐全、画面逼真等优点，最新版本为 RealFlight 7，界面如图 8-1 所示。

图 8-1　RealFlight 7 界面

8.1.2　Reflex XTR

Reflex XTR 是老牌的德国模拟软件，适合直机的模拟练习，附带精选的 26 个飞行场景，一百多架各个厂家的直升机，一百多架各个厂家的固定翼，60 部飞行录像。Reflex XTR 界面如图 8-2 所示。

图 8-2　Reflex XTR 界面

8.1.3　Aerofly

Aerofly 是一款德国的模拟软件，图像拟真度较高，适合中高级训练者使用，但价格昂贵，对电脑硬件要求较高。其界面如图 8-3 所示。

图 8-3　Aerofly 界面

8.1.4　Phoenix(凤凰)

凤凰模拟器是一款较受欢迎的国产模拟器软件，效果逼真，场景迷人，使用广泛。

8.2　凤凰模拟器的安装

下面以最常用的凤凰模拟器为例给大家介绍模拟器的具体安装。

(1) 购买模拟器的套装，包括遥控器和软件光盘。将光盘插入光驱内，即可自动开始安装。如果没有开始安装，可以找到光盘的内容，双击 setup.exe。

(2) 选择“中文(简体)”选项，然后单击“下一步”按钮。

(3) 单击“下一步”按钮，选择“我接受许可证协议中的条款(A)”选项，然后才可以再单击“下一步”按钮。

(4) 填写用户相关信息。

(5) 单击“下一步”按钮后，弹出“安装类型”对话框。

(6) 选择“完全”选项即可，然后单击“下一步”按钮，进入安装界面。

(7) 等待一分钟左右即可安装完成。

8.3　凤凰模拟器的使用

凤凰软件较其他软件来说使用更复杂一些，可能有点不容易掌握。启动凤凰软件后显示的界面如图 8-4 所示。

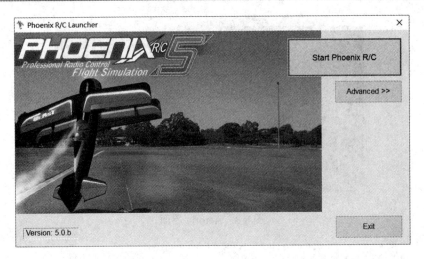

图 8-4　凤凰模拟器初始界面

8.3.1　初始设置

1. 初始配置——设置新遥控器

(1) 单击"开始",开始正式的初始化工作。这时界面会提醒进入遥控器的设置,如图 8-5 所示。

图 8-5　初始设置遥控器

(2) 单击"下一步"按钮,会有新的内容提示"准备你的遥控器",然后再继续单击"下一步"按钮,如图 8-6 所示。

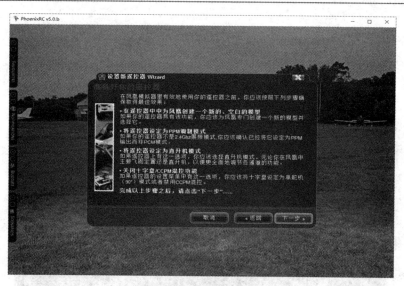

图 8-6　进入遥控器设置

(3) 单击"下一步"按钮以后，提示"校准你的遥控器"，如图 8-7 所示。其中应该注意的是，需要将遥控器上的微调钮全部置于中间位置，而且各摇杆也要放在中间位置。然后单击"下一步"按钮。

图 8-7　遥控器配置前示

(4) 接下来就是提示将各摇杆、开关等保持在默认位置。

(5) 在单击"下一步"按钮之后，即进入摇杆中点位置校准过程，如图 8-8 所示，这一步就是需要将所有的摇杆归为中点，也就是不能偏上或偏下，也不能偏左或偏右。完成后，即可单击"下一步"按钮。

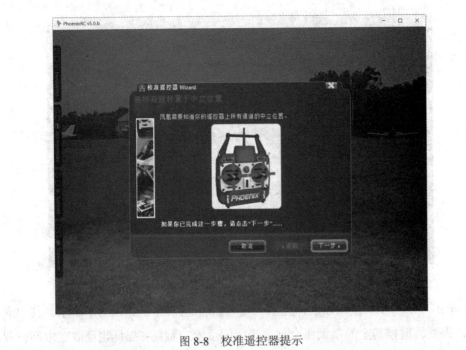

图 8-8 校准遥控器提示

(6) 单击"下一步"按钮以后，就开始进行摇杆的最大行程校准，此时根据提示需要将摇杆分别拔到上、下、左、右的最大距离，也就是摇杆的上、下、左、右都要到最大的程度。如图 8-9 所示。

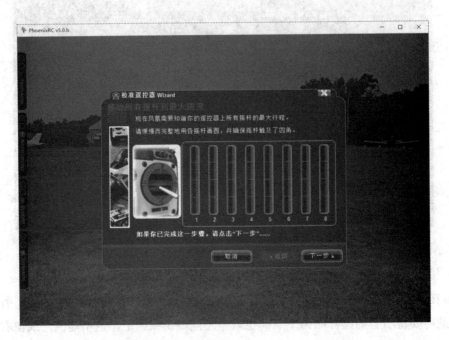

图 8-9 校准摇杆行程

（7）校准时会出现如图 8-10 所示的情况，其中的 1、2、3、4 等是表示遥控器的不同通道的编号，读者可以试着在一个方向(如左右或上下方向)上来回摆动，以便确认对应的通道是哪一个。调整完毕后，单击"下一步"按钮，出现提示校准完成的界面，如图 8-11 所示。

图 8-10　校准时的效果

图 8-11　校准完成

2．初始化设置——遥控器的通道设置

（1）进行遥控器通道设置。接下来就是遥控器通道控制选择界面，如图 8-12 所示，因为现在遥控器的种类繁多，通道也是各有不同，所以需要选择与自己正在使用的遥控器接近的一个才可以。如果没有想要的类型，保持默认即可。

图 8-12　选择遥控类型

(2) 选择完成后单击"下一步"按钮，由于本章中采用的是默认的模式，也就是在预设中没有当前遥控器，所以我们这里会有如图 8-13 所示的界面。

图 8-13　通道设置向导

(3) 单击图 8-13 中的"下一步"按钮以后会提示新建一个遥控器配置文件，如图 8-14 所示。

图 8-14 创建遥控器配置文件

在图 8-14 的界面下可以修改 New Profile 来改变配置文件的名字。在以后也可以通过这个修改对应自己手上的不同遥控器，而其中的设置类型选择"快速设置"选项即可。等熟练此软件的使用以后再尝试使用"高级设置"。这些都处理完成后，单击"下一步"按钮。此时，会有如图 8-15 所示的界面。

图 8-15 提示全部归中

(4) 这一界面是提示用户将摇杆和微调钮全部放在中央位置，并将各个开关处于默认位置。这样才可以开始正确地设置遥控器。完成操作后，单击"下一步"按钮，开始正式的设置。首先，出现的是如图 8-16 所示的"引擎控制"设置界面。

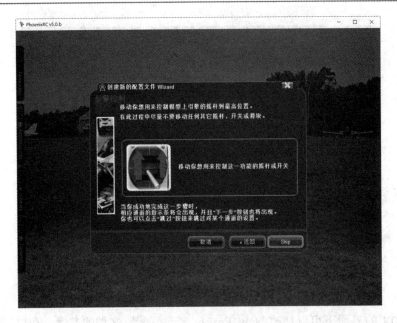

图 8-16　引擎设置

（5）这个界面下需要移动油门遥控，将油门推到最高位置，然后拉到最低位置，这样操作两三次即可。在移动油门的过程中，会看到如图 8-17 所示的效果。

图 8-17　引擎设置效果

图 8-17 中，滑动条会随着摇杆的移动有所不同。如果在设置过程中，发现移动错了摇杆，可以单击"重试"按钮重新设置。当设置完成以后，单击"下一步"按钮，就会进入下一个通道设置。如图 8-18 所示，为桨距控制设置界面。

图 8-18 桨距控制设置

(6) 桨距一般使用于直升机操作,对于我们这里介绍的多旋翼操作没有太大作用。所以,这里单击 Skip 按钮跳过这一步。随后就是方向舵的设置,如图 8-19 所示。

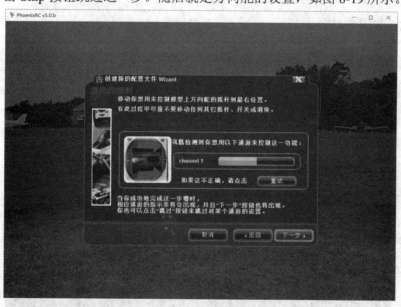

图 8-19 方向舵控制设置

(7) 这个通道的设置与油门设置一样,只需要将方向摇杆左右打到最顶端即可。同样的,在设置完成后单击"下一步"按钮,如果设置错误则需要单击"重试"按钮。随后是升降舵的设置,如图 8-20 所示。

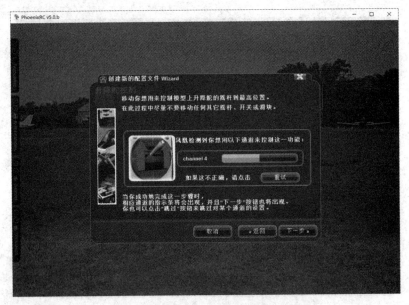

图 8-20　升降舵控制设置

（8）升降舵控制映射到四轴的操作应该称为俯仰控制，也就是控制飞行器前行后退的操作。这里的调节方式与油门调节方式一样，调整完毕后单击"下一步"按钮，进入副翼控制的设置，如图 8-21 所示。

图 8-21　副翼控制设置

（9）副翼在多旋翼飞行器中主要控制飞行器的"翻滚"操作，体现出的效果就是侧向飞行。设置方式依然不变。设置完成后单击"下一步"按钮，进入下一项设置，即起落架设置，如图 8-22 所示。

图 8-22　起落架设置

(10) 因为我们选择了默认模式的设置，所以这里会有设置起落架的选项，读者可以将一个开关设置为起落架的操作。不过，使用者也可以跳过此项。因为对于多旋翼飞行器的操作，起落架没有任何的作用。单击"下一步"按钮，进入下一项设置，即襟翼控制，如图 8-23 所示。

图 8-23　襟翼控制

(11) 襟翼控制是一些特殊的固定翼飞机才会有的，对于多旋翼飞行器没有特殊作用，所以，直接单击 Skip 按钮，接下来会提示已经完成了所有需要的遥控器设置操作，如图 8-24 所示。

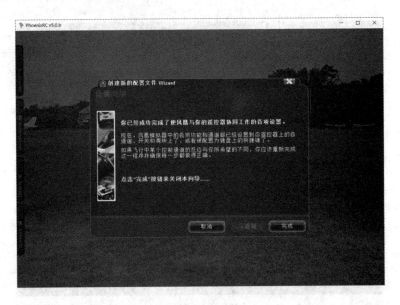

图 8-24　完成设置

(12) 单击"完成"按钮，即可看到设置完成的提示。如图 8-25 所示。

图 8-25　完成新遥控器设置

3. 初始化设置——界面设置

(1) 完成遥控器设置后，会进入画质选择界面，如图 8-26 所示。此界面中可以设置使用软件时场景的画质效果，画质越高清晰度越好。但是要想使用高画质，需要有比较好的电脑配置，所以，应该根据自己电脑的配置选择不同的清晰度，这里就按照中等画质(Mdeium)来设置。选择好画质后，单击"下一步"按钮。

图 8-26　画质选择

（2）然后是度量单位的选择，如图 8-27 所示，这里可以对风速、距离和模型的距离单位进行设置。默认的是 Metric，也就是公制的米，如果没有特殊要求使用这个选择即可。设置完成后，单击"下一步"按钮。

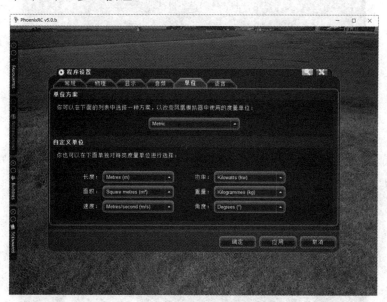

图 8-27　度量单位的选择

（3）完成了以上操作，也就完成了 Phoenix 的首次启动的设置，最后会有完成设置的提示界面。

接下来就可以爽飞了！完成了配置就可以用配套的遥控器在电脑上操控各种模型飞机，或者跟网络玩家一起对战了。

8.3.2　选择飞机

完成各项配置工作后，即可开始飞行。但是电脑再智能也不知道你需要什么样的飞行器，当然这个软件也不会知道。在软件启动后，会自动加载最后一次选择的飞机模型，但是在软件安装完成并首次启动后，会加载一款固定翼飞机。这当然不是我们需要的多旋翼飞行器，因此需要在模型库中找到所需的飞机，并选择加载。

需要加载新模型时，将鼠标指向"选择模型"选项(在没有鼠标操作时菜单栏会消失，需要将鼠标指向顶部才会显示)，单击"选择模型"命令，会弹出一个菜单，选择"更换模型"命令，如图 8-28 所示。

图 8-28　选择更换模型

随后会弹出图 8-29 所示的界面，在这里就可以选择需要的模型了。此界面中已经将各种模型分类，按照分类来寻找需要的模型即可。

图 8-29　更换模型界面

这里我们需要的多旋翼飞行器在哪里呢？初期的软件版本没有设置多旋翼飞行器的模型，故早期模拟器多旋翼模型是在后期加进去的，我们需要在 Others 分类里寻找。本章我们选择的软件模拟器是凤凰 5.0.b 版，此软件中设置有多旋翼飞行器的模型，如图 8-30 所示。在 Class 分类中选择 Multi rotors 下的 Electric 项，其中有 4 个模型，都是四轴飞行器的模型，本例我们选择的是 Gaui 330-X。

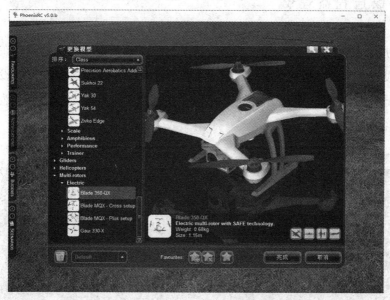

图 8-30　Multi rotors 分类项

在选择了 Gaui 330-X 模型后就会在右侧的窗口中显示出该飞行器的预览图，如图 8-31 所示。这一款飞行器在市场上也有销售，但是不太容易找到。其中的黄色球所在的位置就是飞行器的头部。明确了飞行器的头部，就明白什么情况下该前进、什么情况下该后退了。

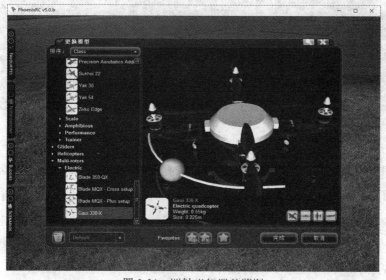

图 8-31　四轴飞行器预览图

选择完成后，单击"完成"按钮，模型就被加载到我们的场景中了，这样就可以用遥控器开始飞行了。至于操作方式，就如真实飞行器的操作方式一样，参照前几章介绍的内容进行即可。

8.3.3 修改遥控器控制

在首次使用过程中，读者有可能会发现操作时有些违反常规。这是因为在配置好遥控器后，有些设置不合适，需要重新设置。下面就讲解一下如何修改遥控器的设置。首先，应该找到设置界面，如图 8-32 所示，在菜单栏中选择"系统设置"选项，然后选择"控制通道设置"命令。

图 8-32　控制通道设置

随后会弹出如图 8-33 所示的界面，可以选择要设置的遥控器。这里因为在之前创建的时候使用了 New Protile 作为我们新的遥控器，所以要编辑的也是这个文件。选择 New Protile 选项，然后单击右侧的"编辑配置文件"按钮，就进入了编辑界面，如图 8-34 所示。当然，如果你购买了新的遥控器，可以单击"新建配置文件"按钮去新建一个遥控器配置，其他的操作方式如之前讲到的操作一样。

图 8-33　选择配置文件

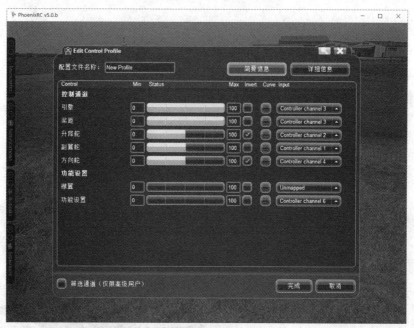

图 8-34　设置配置文件

在图 8-34 中我们可以找到各项配置，这里我们可以对各个通道进行不同的设置，如下所示。

Control：表示对应飞行的是哪些舵机或开关。

Min：表示通道接受的最小值。

Status：表示当前通道产生的实时量值是多少。

Max：表示通道接受的最大值。

Invert：表示是否翻转，也就是遥控器上的最大值与最小值是否对调。

Curve：表示值为曲线参数值，这一项可以对产生的参数值变化进行量度，不推荐新手使用此功能。

Input：此列中可以选择对应通道是由遥控器的哪个通道控制的。

分清楚这几项内容，即可完成对遥控器的基本配置。当然，如果遥控器的通道足够多，可以单击图 8-34 中的"详细信息"按钮，获取更多的控制选项，进行配置，配置方式类似。

任务载荷设备

无人机根据任务不同，可以搭载不同设备进行工作。常用的无人机任务设备有：航拍相机、测绘激光雷达、气象设备、农药喷洒设备、激光测距仪器、红外相机、微光夜视仪、航空武器设备等。本章我们将重点介绍航拍相机。

本章学习目标

➢ 掌握航拍相机的使用方法，掌握数据的导出与交付方法。

➢ 能够对航拍相机电池进行保养，能够正确清洁航拍相机。

➢ 能够正确填写作业数据表格，能够对作业数据表格进行严格审核。

9.1 相 机

9.1.1 相机的安装与快门接线

目前，根据飞机的不同，相机的安装方式也不同。旋翼飞机和直升飞机通常将相机安装到外置的云台上。通过云台可以控制相机的角度，以方便拍照。

相机快门有两种控制方式。一种是机械方式，即通过控制舵机带动相机上的机械快门按钮，实现拍照功能。另一种是电子方式，通过控制电路给相机发送触发信号，触发相机拍照。

9.1.2 相机在航拍中的使用

航拍摄影往往选用专业级别较高的单反数码相机，航拍相机在实用功能上较为突出，自动补光、连续跟拍、特效处理等是普通相机无法比拟的，一般航拍所用相机需在地面设置好后再上天进行任务作业。

1. 数码相机核心设置

由于相机感光度和饱和度停留在上一张照片拍摄时的数值上，从而导致当前拍照效果不佳。要避免这一情况的发生需依靠检查和重置。相机的设置都需要在拍摄完一张照片后进行，从而将每一次拍摄最佳照片的机会留给下一次的拍摄。

2. 格式化操作

相机内存报错时，要将记忆卡进行格式化，目的是擦除当前数据，重新记录有关相机的信息。

3. 固件更新

相机固件需定期更新，确保系统完善。固件是在相机内传输图像、设置全机参数，甚至决定哪些功能是使用者可以操作的软件。应确保单反相机的固件是目前最先进的。

4. 确保相机电量

在执行任务之前，要给电池充电，确保电池电量充足。

5. 不盲目设置相机分辨率

没有必要总是使用相机提供最大图片分辨率进行拍摄，要根据情况而定。降低图片分辨率不仅可以存储更多的照片，还能增加拍摄速度。降低分辨率还有助于避免因为相机清理缓存区而造成的延时。

6. 选择相机输出格式

航拍相机常用的数据输出格式有 RAM 格式和 JPEG 格式两种。RAM 格式相比其他图片格式所占内存更大，因此在使用此格式时需要更长的时间拍摄图片，而在对图片进行印刷时，也需要对其进行再加工。JPEG 格式是在拍摄同时在相机内进行数据处理，因此可以立即打印或分享，而且可以使用更快的速度、更长时间地使用这个格式进行多张连拍。如果不在后期对图片进行大规模和根本意义上的改变，这两种格式之间几乎没有差别。在拍摄速度不是很重要的情况下，两者都可以选择。在航拍时可根据任务的需求进行格式选择。

7. 测试航拍设备

测试航拍设备，可避免突发故障。要对航拍设备经常进行检测，通过测试可以得出新镜头的最佳焦距段和快门速度；也可以是对相机 ISO 和白平衡在什么数值下会取得最佳图片结果进行测试，或者是对动态范围内传感器极限进行测试，从而得知相机最优良和最薄弱的部分，进而对航拍设备的性能做到心中有数。

9.1.3　数据的导出

1. 数码相机存储卡的使用方法

使用数码相机存储卡的时候，可能会碰到存储卡损坏、丢失数据或读取不到卡内数据等情况，其原因多是由于存储卡使用不当。使用存储卡需要注意的一些事项如下：

(1) 切记突然断电。在处理数据保存、删除、格式化或回放过程中，千万不可突然断电。

(2) 关闭相机电源。在开机状态下，千万不要在存储卡工作时插拔。尤其是将存储卡从相机中取出或插入时，一定要先关闭相机的电源，千万不可带电操作，防止损坏存储卡，造成数据丢失或损坏数码相机。

(3) 谨防卡针断脚。存储卡上面有许多针脚，很细，特别容易折断，图像信息就是靠这些针脚从相机传导到存储卡上的，所以一定要小心插拔。存储卡安插进相机有正反之别，必须严格注意方向和位置，用力要轻而均匀，按技术要求安装。长时间不使用数码相机时，应将存储卡取出保管。

(4) 不可强行装满。使用存储卡拍摄时不可装得过满，尤其不可在已知装满的情形下，强行继续装入数据；也不要在相机或者卡速不支持连续拍摄的情况下强行连拍，这样会破坏存储卡的目录引导区，造成存储卡损坏。

(5) 尽量满卡删除。最好是在存储卡用满时再删除，切不可拍摄一张就删除一张，避免任何无意义的写入操作。

(6) 避免感染病毒。存储卡感染上病毒，不但会造成文件损坏，而且会消耗存储卡的寿命。向计算机传输照片尤其要注意，别让存储卡染上病毒。遇到病毒或无法删除文件时，不要胡乱尝试各种非正规的操作，以避免对数据和卡造成更大的破坏。尽可能使用杀毒软件或数据恢复软件进行修复，或送到专业维修点进行修理和数据恢复。

(7) 事先保存数据。遇到存储卡某个数据或照片打不开时，应先把其他好的图片保存起来，不要再进行写入或者格式化操作，然后换一个高级些的读卡器再试。实在无法打开的图片或文件，应予以删除，不要长时间滞留在存储卡上。

(8) 不要反复删除。使用计算机在存储卡上反复进行读、写、删除，无异于让存储卡消耗寿命。在相机上对图片进行旋转、剪裁、合并、调整色彩与反差等修饰操作，实际上也是一种反复删除、写入的过程，对延长存储卡的寿命也没有什么好处，最好不要这样操作。也不要图省事把相机与计算机连接起来后，在计算机上用 Photoshop 软件直接对卡上的照片进行处理，这也会消耗存储卡的寿命，处理速度比下载到计算机里再处理也要慢很多。

(9) 正确选择格式。第一次使用新存储卡，需要在相机里做格式化，这样会在存储卡里建立一个储存照片的文件夹。在计算机上格式化存储卡时应注意正确选择格式化的格式，不要用格式化操作代替删除操作，频繁格式化会缩短存储卡寿命。满存满取三个月到半年，需要对卡进行一次完全格式化，这样可以改换存储卡的"前台"位置，延长存储卡的使用寿命。

(10) 防止数据丢失。现在存储卡的容量越来越大，为安全起见，拍摄时最好把数据都存储在一张存储卡上，尽可能用几张存储卡轮流拍摄，分别保存。外出作业时带一张4 GB 的存储卡就不如带 4 个 1 GB 的存储卡安全。拍摄后还要及时把数码照片输入到数码伴侣或存储到计算机中，腾出存储卡的记录空间，以免由于数据满载而影响日后的拍摄。

(11) 数据保存。每次执行完飞行作业任务后所记录的数据，如航拍照片、航摄影像等，都应该从照相机或者摄像机里导出，存放在计算机里，如是涉密资料，应该由涉密人员拷贝到专门的涉密计算机里，也可为客户刻录成光盘后交付使用。

2. 导出的方法与步骤

1) 操作准备

(1) 确保作业数据有效。

(2) 确认待转移的磁盘有足够的空间。

2) 操作步骤

(1) 将任务载荷设备从无人机上拆卸下来。

(2) 将数据存储卡从载荷设备上取出。

(3) 将数据存储卡放入计算机读卡器中。

(4) 将数据转移至计算机硬盘。

3) 操作注意事项

(1) 在进行数据转移和保存前确保作业数据有效。

(2) 如果作业数据涉密，存储数据的计算机最好不上网。

(3) 任务作业记录数据存档应以"任务+时间"的方式命名。在"任务+时间"的文件夹中，应该附上飞行作业任务报告书的扫描件。该扫描件必须由客户和任务执行人签字并加盖公章。

(4) 任务作业数据应刻录成光盘进行存档，以防数据计算机感染病毒造成数据损坏。

9.1.4　作业数据的交付

在完成作业任务后，作业任务数据(照片、视频)应交付客户并存档，通常刻录成光盘交付客户。刻录光盘可以安装刻录软件或使用操作系统自带的刻录功能(如 Win7、Win8、Win10 操作系统)，配上刻录机即可完成。

1. 刻录软件的安装

目前，主要通过刻录机刻录光盘。刻录机的品牌很多，下面以华硕某款外置 DVD 刻录机为例进行介绍。购买该款刻录机，附赠当前主流刻录软件 Nero 12。Nero 12 的安装步骤如下：

(1) 将刻有 Nero 12 的光盘放入电脑的光驱中，双击光驱图标。

(2) 点击 Installing Software 按钮。

(3) 双击 Nero 图标，根据提示向导进行安装。

(4) 选择"我接受该许可证协议中的条款"，再点击"下一步"进行操作。

(5) 点击"安装"等待出现"安装成功"的画面。

2. 数据光盘的刻录

Nero 12 成功安装后，可进行光盘刻录。刻录步骤如下：

(1) 将刻录机通过 USB 线与计算机相连。

(2) 将空白的 DVD 光盘放到刻录机的光驱中。

(3) 双击桌面上"Nero"的快捷方式，会出现如图 9-1 所示的对话框。

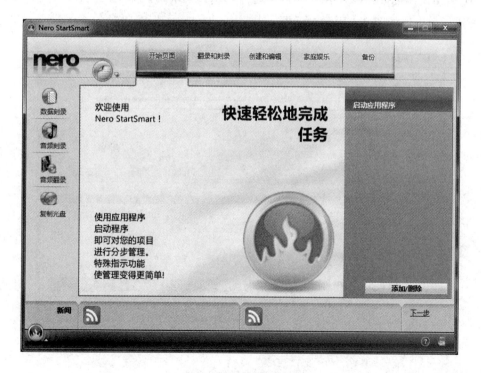

图 9-1　Nero 开始界面

(4) 双击"数据刻录"图标，将会出现如图 9-2 所示的对话框。

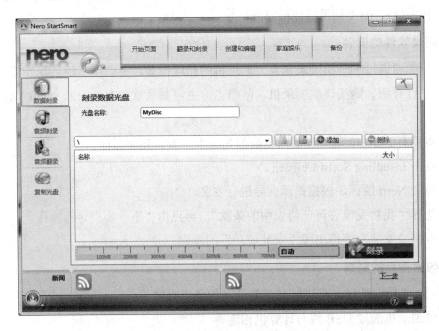

图 9-2　数据刻录界面

(5) 单击"添加"按钮，在计算机上选择好想要刻录到光盘上的文件后，再单击"确定"按钮，会出现如图 9-3 所示对话框。

图 9-3　选择刻录文件

(6) 点击"下一步",会出现如图 9-4 所示的对话框。

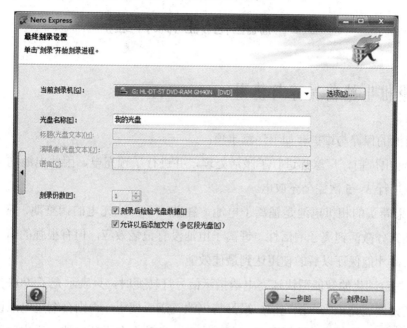

图 9-4 刻录设置窗口

(7) 在此选择想要使用的刻录机,选择好后,设置光盘名称,然后点击"刻录",将会出现如图 9-5 所示的对话框。

图 9-5 刻录过程显示窗口

等待直到刻录完成。

9.2 航拍相机的保养维护

9.2.1 相机电池的保养与使用

相机电池的保养与维护有如下注意事项：

(1) 电池出厂前，厂家都进行了激活处理，并进行了预充电，因此电池均有余电，这种情况下应进行 3～5 次完全充放电。

(2) 如果新买的相机电池是锂离子电池，在前 3～5 次充电的调整期，应充 14 h 以上，以保证充分激活锂离子的活性。锂离子电池没有记忆效应，但有很强的惰性，应给予充分激活后，才能保证以后的使用达到最佳效能。

(3) 有些自动化的智能型快速充电器指示信号灯转变时，只表示充了 90%的电。充电器会自动变为慢速充电将电池充满。最好将电池充满后使用，否则会缩短电池使用时间。

(4) 充电前，锂电池不需要专门放电，放电不当反而会损坏电池。充电时尽量以慢充充电，减少快充方式；充电时间不超过 24 h。

(5) 请使用原厂生产的或声誉较好的品牌充电器，锂电池要用锂电池专用充电器，并遵照指示说明操作，否则会损坏电池，甚至发生危险。

(6) 电池的寿命取决于反复充放电的次数，所以应尽量避免在电池有余电时充电，否则会缩短电池的寿命。相机关机时间超过 7 天时，应先将相机电池完全放电。

(7) 相机电池都存在自放电，锂电池每天会按容量的 0.2%～0.3%放电。在给电池充电时，尽量使用专用插座。

(8) 不要将电池暴露在高温或严寒下。充电时电池有些发热是正常的，最好是在室温下进行充电，且不要在相机上覆盖任何东西。

9.2.2 相机的清洁

1. 工具准备

(1) 手套。手套一般用碳纤维防静电手套，如图 9-6 所示。

(2) 毛刷。毛刷是常见的清理工具之一，其主要作用是对付那些吹不到的脏物。如图 9-7 所示。

(3) 吹气球。吹气球的主要作用是用气流吹走相机上的灰尘。吹气时应该从后面进气，前面排气并带单向气阀，如图 9-8 所示。

图 9-6　碳纤维防静电手套

图 9-7　毛刷

图 9-8　吹气球

(4) 镜头纸。镜头纸的主要作用是擦拭镜头，应尽可能使用正规的擦镜纸。

(5) 擦镜布。擦镜布能重复使用，如果脏了可以用温水清洗并晾干再使用。擦镜布由于是特殊纤维织品，因此不脱毛屑、不伤镜头膜且价格便宜。注意不能用眼镜布代替擦镜布。

2．操作步骤

(1) 首先用软毛刷清除落在机身表面的灰尘。

(2) 机身表面凹凸等小地方的灰尘可用吹气球吹去，内藏闪光灯的机型要把闪光灯弹起后再吹去灰尘。

(3) 用软毛刷刷去存储卡仓内外的灰尘，特别要注意存储卡仓盖的合页部分，该处特别容易存垢。

(4) 用吹气球吹去存储卡仓内角落处的细小灰尘。

(5) 用吹气球吹去取景罩表面的灰尘，取景罩如果有污垢的话可用镜头纸裹住棉签轻轻擦拭干净。

(6) 擦拭电气触点。

(7) 在清洁时，应首先使用镜头布将相机外部整体擦拭干净，再开始清洁相机上的按钮和转盘等。使用尖头清洁棉棒，蘸取少量清洁液，沿着按钮和转盘边缘轻轻擦拭。

📢 注意：

① 清洁液不要蘸取过多，只保持棉头潮湿即可，以免多余的清洁液顺着按钮和转盘的边缘流入相机内部。

② 如果棉棒头已经明显变脏，应该换一根新的棉棒头继续清洁，以免造成二次污染。

(8) 养护电子接点，用棉棒在金属接点上轻擦一个来回即可达到满意的效果，不需要反复擦拭。

3．注意事项

(1) 在对航拍设备做清洁时，应该使用质量较好的工具和材料，避免因工具和材料问题对设备造成损坏。

(2) 在对航拍设备做清洁时，应注意方法和技巧，确保能够清洗干净。

9.3　任务数据的处理

数据的处理主要包含两个方面：一方面是作业任务数据的审核，例如对某地航拍照片进行审核，照片应该清晰，不清晰不可用；另一方面是审核作业任务表格。数据的审核包括飞行前的检查记录，飞行控制记录报告，飞行后的检查记录，飞行平台使用时间统计表，事故调查表，后续工作计划及注意事项汇报要求表等。一系列的作业报告记录了无人机的整个作业任务过程，具有极其重要的意义：

(1) 确保作业任务的准确无误。

(2) 记录无人机的使用情况。

(3) 掌握无人机的使用状况，避免事故的发生。

(4) 如果有事故发生，便于追查责任和进行事故原因的分析。

1．作业报告类型及内容

(1) 飞行前检查记录表，包括任务执行人、客户名称、任务地点、任务时间、飞机型号名称、天气、风力风向、能见度、检查项目、领导签字等。

(2) 飞行控制记录报告，包括任务执行人、客户名称、任务地点、任务时间、飞机型号名称、天气、风力风向、能见度、飞行控制记录、领导签字等。

(3) 飞行后检查记录表，包括任务执行人、客户名称、任务地点、检查时间、飞机型号名称、天气、风力风向、能见度、检查项目、领导签字等。

(4) 飞行平台使用时间统计表，包括任务编号、使用日期、飞行地点、任务性质、起飞时间、降落时间、飞行时间、时间累计、操作员签字等。

2．填写要求

(1) 填写时应使用黑色签字笔或蓝黑墨水钢笔。

(2) 字迹应该清晰工整，容易辨认。

(3) 表格应该及时准确地填写，不要拖延。

(4) 日期的填写应该按"年月日时分"的格式进行。

3．作业报告填写

1) 操作准备

准备好黑色或蓝色的笔，确认表格印刷准确、清晰、无误。

2) 操作步骤

(1) 填写飞行前检查记录表，见表 9-1。

表 9-1　飞行前检查记录

任务执行人		客户名称			
任务地点		时间		飞机型号名称	
天气		风力风向		能见度	
检 查 项 目					
项目名称	是否完好		项目名称	是否完好	
1			9		
2			10		
3			11		
4			12		
5			13		
6			14		
7			15		
8			16		
直接领导签字：			主管领导签字：		

(2) 填写飞行控制记录报告，见表 9-2。

表 9-2　飞行控制记录报告

任务执行人		客户名称			
任务地点		时间		飞机型号名称	
天气		风力风向		能见度	
飞行控制记录：					
直接领导签字：			主管领导签字：		

(3) 填写飞行后检查记录表，见表9-3。

表9-3　飞行后检查记录

任务执行人		客户名称			
任务地点		检查时间		飞机型号名称	
天气		风力方向		能见度	
检 查 项 目					
项目名称	是否完好		项目名称		是否完好
1			12		
2			13		
3			14		
4			15		
5			16		
6			17		
7			18		
8			19		
9			20		
10			21		
11			22		
直接领导签字：			主管领导签字：		

(4) 填写飞行平台使用时间统计表，见表9-4。

表9-4　飞行平台使用时间统计

型号＿＿＿＿＿＿＿＿＿＿＿＿＿＿＿　　　　　　　　编号＿＿＿＿＿＿＿＿＿＿

编号	使用日期（年月日）	飞行地点	任务性质	起飞时间	降落时间	飞行时间	时间累计	操作员（签字）
1								
2								
3								
4								
5								
6								
备注：								

前期累计(h)＿＿＿＿＿　　本期累计(h)＿＿＿＿＿　　累计(h)＿＿＿＿＿　　审计人(h)＿＿＿＿＿

(5) 如果出现异常情况，应填写事故调查表，见表 9-5。

表 9-5　事 故 调 查 表

事发地点				事发时间		年　　月　　日	
无人机	型号		发动机	型号		飞控	型号	
	编号			编号			编号	
事故原因							
损失情况							
损失金额		元		事故等级			

(6) 如有事故发生，应进行责任认定，并填写责任认定与处理决定表，见表 9-6。

表 9-6　责任认定与处理决定

责任人	岗位	责任认定	处理决定	责任人签字

注意事项：

① 表格填写时要注意字迹清楚，数据正确完整。

② 表格填写完成后，要有相关责任人和领导签字。

附录 I

热门多旋翼机型与多旋翼公司简介

一、多旋翼十大热门产品排行榜

(1) 小米无人机：年轻人的第一台无人机。凭借着小米的品牌影响力和亿万米粉的粉丝效应，小米无人机一经上市就成为了无人机行业乃至整个科技行业的热点。除了提供不俗的性能之外，性价比成为其主打的优势，有望成为"年轻人的第一台无人机"。

(2) PowerEgg(小巨蛋)：史上颜值最高的无人机。从 ToB 的臻迪科技到 ToC 的臻迪机器人，强大的商用级无人机背景下，PowerEgg 小巨蛋成为臻迪进军消费级无人机的第一声枪响。从鸟巢发布到京东众筹破亿，一颗小小的蛋却蕴含了巨大的能量。

(3) DJI Mavic Pro(御)：便携和性能完美结合的无人机。DJI Mavic Pro 发布后关注度极高，不仅因为其拥有极其小巧的机身，非常便于携带，而且以自我革命的姿态超越了自家的精灵 4 产品。这款产品凭借设计和性能的完美结合，成为了当前最值得购买的紧凑型折叠无人机之一。

(4) Hover Camera(小黑侠)：可以折叠的飞行自拍相机。Hover Camera 采用了碳纤维外壳以及创新性的可折叠式设计，大大增强了产品的安全性和便携性。Hover Camera 虽然不具备专业的航拍性能，但是其强大的自拍和跟拍功能同样满足了很多用户的需求。

(5) DJI Inspire(悟)2 代：更专业的影视航拍无人机。Inspire(悟)2 代产品作为全新的专业影视航拍平台，几乎应用了大疆两年来全部的新技术，不仅仅是上一代的升级，而且是一次完全的改款，非常适合专业级电影、视频创作者使用。

(6) DJI Phantom(精灵) 4 系：会思考的航拍无人机。作为精灵系列产品，Phantom(精灵)4 在上一代的基础上，配置实现了全面的提升，另外首次加入的"障碍感知"、"智能跟随"、"指点飞行"三项创新功能成为其最大亮点，让无人机真正地与人工智能进行了有效结合。

(7) GoPro Karma 无人机：插上了翅膀的运动相机。如果消费者是 GoPro 的忠实用户，并且喜欢它的画质，依赖它的全球内容分享平台的话，这款无人机应该是非常值得选择的。尽管 GoPro Karma 上市后很快被厂商召回，但是凭借其强大的影响力，重新上市后仍然值得用户期待。

(8) 零度智控 DOBBY：最热销的口袋级无人机。该款无人机折叠后仅有手机大小，并且支持目标跟随和人脸识别等智能功能，室内外飞行稳定性不俗，完全可以满足大多数用户日常的自拍需求，零度智控 9 年的技术沉淀在这款产品身上转化成了强大的市场表现。

(9) 昊翔 Breeze 轻风：更持久的口袋级无人机。这是一部"会飞的相机"，可拍摄 4K 视频和 1300 万像素静态图像(4K 是指分辨率为 3840×2160)，还可通过配套的 APP 将其轻松分享到自己的社交媒体上。该机型内置有光流和红外定位传感器，其重量仅为 450 克左右，该机型让口袋级产品的竞争更趋白热化。

(10) 零度 XPLORER mini：全球化的可折叠航拍无人机。XPLORER mini 是一款可折叠的高性能无人机，在满足了用户便携性需求的同时，提供了非常稳定的室内外飞行能力，也借此登上了 BBC 的荧幕，成功进入了全球消费者的视线，目前已有五大洲 57 个国家的小伙伴们在使用这款航拍神器。

二、十大热门公司排行榜

(1) 大疆。成立于 2006 年的大疆公司，通过 10 年多的耕耘已经成为全球领先的无人飞行器控制系统及无人机解决方案的研发和生产商。2016 年来，大疆公司先后发布了几款非常有实力的消费级无人机产品，并且在行业应用上有了更多的尝试，目前大疆公司已经成为了无人机行业里公认的标杆企业。

(2) 小米无人机。小米无人机是由小米生态链旗下的飞米团队研发而成的，2017 年 5 月份通过雷军的网红式直播，小米无人机正式进军消费级无人机市场，凭借小米强大的影响力呈现出行业黑马的姿态，一经发布就走上了风口浪尖，获得了行业内外的大量关注。

(3) 臻迪机器人。臻迪集团自 2008 年创业以来就一直是行业无人机解决方案的专家，2016 年以来，不仅集团分公司在新三板挂牌上市，更是接连发布了 PowerEgg 小巨蛋、PowerEye 黄金眼和 PowerBee 编队飞行等产品，并且创造了众筹破亿的纪录，广受国内外媒体的关注。

(4) 昊翔。随着 Yuneec Typhoon H 这款无人机在 2016 年 CES 消费电子展上进入英特尔展台，同时也因为它出色的避障技术，昊翔公司获得了大量关注。更是因为和大疆公司的专利诉讼案，昊翔公司也走上了舆论的风口浪尖，但其并未因官司缠身耽误发展，正式进军口袋级无人机市场彰显了其实力和决心。

(5) 深圳零度。作为一家集合了行业内外众多优势资源的无人机公司，深圳零度公司在产品研发实力上毋庸置疑，2017 年更是发力 APP 端和海外市场，真正实现了软硬件结合与全球化，让 57 个国家的无人机用户都获得了从线上到线下极佳的体验，甚至登上了 BBC 的荧幕，影响力非凡。

(6) 曼塔智能。曼塔公司的 S6 是无人机行业里又一款口袋级产品，并且提供了 6 款不同的颜色外观和空中互娱模块，抓住了不少消费者的心。其"不追随潮流,只定义潮流"的产品设计理念更是让不少极客和年轻玩家好感满满，不知道接下来这家公司还会有什么新的动作。

(7) 亿航。亿航公司自成立以来，就成为风投和媒体关注的焦点，其创新意识和营销能力在无人机行业内首屈一指。自年初 CES 上推出了首款可载人的多旋翼无人机亿航 184 以来，亿航在海外地区也受到了当地媒体的关注。

(8) 极飞。极飞公司在众多无人机公司里是一家独树一帜的企业，不仅是因为其主打农业植保市场并且取得了不俗的成绩，而且其举办的极飞科技年度大会(XAAC)和极飞学院也是行业里的又一道风景线，在众多友商纷纷涌入植保行业的今天，极飞公司又会有哪些新动作呢？值得期待。

(9) Parrot 派诺特。行业里有句话，专业级无人机选大疆，娱乐级无人机选派诺特，这是对派诺特在无人机创新方面的肯定。今年派诺特公司先后发布了可续航 45 分钟的 Disco，可更换模块设计的 Mambo，以及在固定翼和多旋翼间来回切换的无人机 Swing，每一款都分外吸睛。

(10) 普宙。在荷兰首售一年后，普宙公司携带着自己的消费级无人机回到了国内市场，其黑科技的外表和可折叠的设计吸引了众多无人机爱好者的青睐，在 CES 上也是大放异彩。在发力开放平台之后，普宙公司的产品更加值得期待。

附录Ⅱ

油门巧用心得体会

降落是航模飞机从空中飞行状态安全平稳地降落到地面的过程，是无人机从一定高度下滑，并降落于地面滑跑直至完全停止运动的整个过程，也称为着陆。与起飞相反，着陆是飞机高度不断降低、速度不断减小直至为零的运动过程（这里主要讲滑跑降落的过程及方法）。俗话说，飞机不在乎飞多高、飞多远，最重要的是能够安全平稳地着陆。由此可见飞机安全降落在飞行中的重要性。

飞机降落着陆的过程可以分为以下几个阶段：

(1) 飞机从一定高度作着陆下降时，发动机（或电机）处于慢速工作状态，即一般采用带小油门下滑的方法下降。

(2) 飞行高度降低到接近地面时，必须在一定高度上开始后拉升降杆，使飞机由下滑转入平飘，这就是所谓的"拉平"。

(3) 飞机拉平后，飞机速度仍然较大，不能立即接地，需要在离地 0.5～1 米高度上继续减小速度，这个拉平后继续减小速度的过程，就是平飘。在这个过程中，随着飞行速度的不断减小，操控手要不断拉杆以保持升力等于重力。

(4) 在离地 0.15～0.25 米时，将飞机拉成接地所需的迎角，升力稍小于重力，飞机轻柔飘落接地，

(5) 飞机接地后，还需要滑跑减速直至停止，这个滑跑减速过程就是着陆滑跑。

由此可见，飞机着陆过程一般可分为五个阶段：下滑段、拉平段、平飘段、接地和着陆滑跑段。下面给出不同阶段中油门及时配合的一些心得体会，供大家参考。

1. 拉平

拉平是飞机由下滑转入平飘的曲线运动过程，即飞机由下滑状态转入近似平飞状态的过程。为完成这个过程，飞手应迎角减油、增加拉杆向后拉的分量，促进飞机向上做曲线运动，减小下滑角。所以开始拉平时只需松杆，后再逐渐转为拉杆。其中油门应及时跟上，或大或小以完成降速下滑、平滑又不至于失速为止。飞手应根据飞机离地和下降接近地面的情况，掌握好拉杆的分量(分量是指拉动拉杆在各方面即前、后、左、右的移动量)

和快慢及恰当配合油门以完成上述要求，使之符合客观实际，这样才能做到正确地拉平。

注：拉杆作用：

向前——飞机低头向前运动；

向后——飞机抬头后退；

向左——飞机向左倾斜，向左侧运动；

向右——飞机向右倾斜，向右侧运动。

2. 平飘

飞机转入平飘后，在阻力的作用下，速度逐渐减小，升力不断降低。为了使飞机升力与飞机重力近似相等，让飞机缓慢下降接近地面，飞手应相应不断地拉杆增大迎角，以提高升力。这时油门要适度，不能过大，大了飞行速度将增加，对于降落不利；如果油门小了则造成提前失速摔机。在离地约 0.15～0.25 米的高度上将飞机拉成接地迎角姿态，同时速度减至接地速度，可使飞机轻轻接地。

总之，在平飘中，拉拉杆的时机、拉杆分量和快慢及和油门的配合由飞机的速度和下降情况来决定。飞机速度大，下降慢，拉杆的动作应慢些；反之，飞机速度小、下降快，拉杆的动作应适当加快，同时油门做配合，（在这里不建议飞机模型此时关闭油门，应保持以 5%～10% 为好）能不动油门就不动。如需动油门，切记此时油门要轻打，勿做大杆量的动作！否则将是'降落灾难'（可能出现"蛙跳"或"摔机"）。

此外，为了使飞机平稳地按预定方向接地，在平飘过程中，还须注意用舵保持好方向。如有倾斜，应立即打舵修正。因此时迎角大、速度小，副翼效用差，故应利用方向舵支援副翼，即向倾斜的反方向打舵，帮助副翼修正飞机的倾斜。

3. 接地

飞机在接地前，还要继续向后拉杆，稍减油门飞机才能保持好所需的接地姿态。为减小接地速度和增大滑跑中的阻力，以缩短着陆滑跑距离，接地时应有较大的迎角，故前三点飞机以两主轮接地，而后三点飞机通常以三轮同时接地为宜。

注：前三点飞机，两个主轮在机翼下，一个前轮在机头下。现代客机、战斗机多属此类；后三点飞机，两个主轮在机翼下，一个尾轮在飞机尾部，老式和轻型飞机属此类。

4. 着陆滑跑

着陆滑跑的中心问题是如何减速和保持滑跑方向。一般来讲，飞机模型着陆滑跑时即可关闭油门动力且保持滑跑方向直至零速为止，此时整个降落过程才算画上完满的句号。